نظام البيئة السعودي

تأليف

الدكتور منذر عبد الكريم القضاة

جامعة الإمام محمد بن سعود الإسلامية

كلية الشريعة والدراسات الإسلامية بالإحساء-قسم الأنظمة

جامعة أم القرى — مكة المكرمة

كلية الدراسات القضائية والأنظمة - سابقاً

الطبعة الأولى

1437هـ – 2016م

مكتبة الرشد

ناشـــرون

ح مكتبة الرشد ، ١٤٣٧هـ
فهرسة مكتبة الملك فهد الوطنية أثناء النشر
القضاة ، منذر عبد الكريم
نظام البيئة السعودي، منذر عبد الكريم القضاة -الرياض، ١٤٣٧هـ
..ص، ..سم

ردمك: ٨-٩٧-٨١٨٦-٦٠٣-٩٧٨

١- حماية البيئة (قانون دولي) ٢-القانون-طرق التدريس
أ. العنوان
ديوي ٣٤١,٧٦٢ ١٤٣٧/٨٥٣٠

ردمك : ٨-٩٧-٨١٨٦-٦٠٣-٩٧٨ رقم الإيداع ١٤٣٧/٨٥٣٠

مكتبة الرشد
RUSHD BOOKSTORE
ناشرون 1975 1399

المملكة العربية السعودية – الرياض
الإدارة : العليا فيو – طريق الملك فهد
: ١٧٥٢٢ الرياض ١١٤٩٤ ☎: ٠١١٤٦٠٤٨١٨ – ☎: ٠١١٤٦٠٢٤٩٧
@ALRUSHDBOOKSTORE
info@rushd.com.sa
www.rushd.com.sa

فروعنا داخل المملكة

المركز الرئيسي بالرياض: الدائري الغربي	٠٠٩٦٦٥٥٥٠٧٠٤٥٩:
فرع التعاون بالرياض :	٠٠٩٦٦٥٠٠١٣٨١٩٢:
فرع مكة المكرمة :	٠٠٩٦٦٥٠٠٢٨٦٤٢٩ :
فرع المدينة المنورة :	٠٠٩٦٦٥٠٠٣٢٧٠١٥ :
فرع جدة :	٠٠٩٦٦٥٠٠٥٢٩٥٠٣ :
فرع القصيم :	٠٠٩٦٦٥٠٠٢٣٦٧٣٢ :
فرع خميس مشيط :	٠٠٩٦٦٥٠٠٢٥٢٤٩٢ :
فرع الدمام :	٠٠٩٦٦٥٠٠١٥٩٢٩٠ :
فرع حائل :	٠٠٩٦٦٥٠٠٣١٥٣٢٨ :
فرع الأحساء :	٠٠٩٦٦٥٥٩٤٦٧١٦٩ :
فرع تبوك:	٠٠٩٦٦٥٠٠٤٢٠٢٨٩ :
المستودع الرئيسي-الرياض	٠٠٩٦٦٥٠٠٣٤٧٠٧٥ :
فروعنا في الخارج	
القاهرة	٠٠٢٠٢٣٧٤٤٦٠٥/٠٠٢٠٢٢٧٢٨٨١١:

﴿ ٱعۡلَمُوٓاْ أَنَّ ٱللَّهَ شَدِيدُ ٱلۡعِقَابِ وَأَنَّ ٱللَّهَ غَفُورٞ رَّحِيمٞ ﴿٩٨﴾ ﴾

[سورة المائدة: آية ٩٨]

الإهداء

فإنّي فيما أرجو من الله سبحانه وتعالى أُقدّم ثواب هذا العمل صدقة جارية

إلى أبي وأمي

إلى زوجتي وإلى أبنائي

إلى عمر ...

إلى كل من كان له فضلا بعد الله علي

وإلى كل من نلت منه في هذه الدنيا الفانية بذنب بقصد أو بدون قصد فليسامحني على ما فرطت في حقه.

فهرس الموضوعات

المقدمة

لله الحمد على ما انعم، وله الشكر على ما أسدى، والصلاة والسلام على نبيه العربي الكريم المبعوث رحمة للعالمين، وعلى جميع رسله وأنبياءه الطاهرين وعلى آله وصحبه أجمعين، وبعد:

فلقد وفقني الله - سبحانه وتعالى - للتدريس في جامعة الإمام محمد بن سعود الإسلامية في كلية الشريعة والدراسات الإسلامية بالإحساء في قسم الأنظمة اعتبارا من الفصل الأول من العام الدراسي 1436ه / 1437ه، وكان من ضمن المقررات القانونية المطلوب مني تدريسها للطلبة المستوى الثالث " مادة نظام البيئة ".

وقد واجهتني في البداية مشكلة عدم توافر المراجع القانونية السعودية لهذا المقرر الهام، بل أن خطة المقرر المعتمدة لهذه المادة لم تتضمن الإشارة إلى المراجع السعودية المعتمدة في التدريس، وأشارت إلى مقررات لتجارب دول أخرى مع نظام البيئة ؛ فقررت وبتوفيق الله أن يكون القسم الأول من خطة التدريس لهذا الفصل تدريس الطلبة عن قوانين البيئة في الدول العربية، ثم العمل على استعراض التجربة الغربية القانونية في مجال حماية البيئة من خلال العهود والمواثيق الدولية التي تربط بين الدول في هذا المجال، ثم خصصت القسم الثاني من خطة التدريس تدريس الطلبة نظام البيئة السعودي، وشرح مواد النظام مادة بعد مادة، وبيان تجربة الدولة السعودية مع نظام البيئة الجديد

الصادر في العام 1422ه كما استعرضت جهود المملكة العربية السعودية مع الجهود الدولية في المحافظة على البيئة خاصة فيما يتعلق بطبقة الأوزون .

ثم بينت الحماية الجنائية للبيئة في الأنظمة السعودية، والعقوبات التي تضمنها النظام بحق الأفراد والمؤسسات المخالفة للبيئة، والأحكام المتعلقة بالقرارات القضائية في عدد من مسائل البيئة .

ثم خصصت القسم الثالث من خطة التدريس ؛ لتدريس الطلبة عن نظام البيئة في الإسلام، واستعرضت موقف الشريعة الإسلامية من حماية عناصر البيئة (النبات، الحيوان، المياه).

وبينت بالأدلة الشرعية كيف أن الإسلام سبق الجميع في حسن تعامله مع البيئة وحمايتها، والحفاظ عليها، والأجر العظيم الذي يناله المسلم جراء ذلك، وهذا من رحمة الإسلام .

وقد وفقني الله سبحانه وتعالى إلى تجميع المادة العلمية المذكورة، وصفها، وتجهيزها وإخراجها؛ لتتناسب مع المقررات الجامعية، وكان بحمد الله هذا المقرر الذي حمل اسم نظام البيئة السعودي .

وقد جعلت في نهاية الكتاب فصلا مخصصا لمجموعة من الملاحق التعليمية تضمن ابرز الأحكام القضائية في المحاكم السعودية المتعلقة بالبيئة، وكم كبير من الأسئلة والتطبيقات العملية المتعلقة بمادة البيئة التي تعين الطالب على

ترسيخ المعلومات في ذهنه، وتساعد المدرس والمحاضر على تصور نوع الأسئلة لمادة نظام البيئة

وحرصنا في هذا الكتاب على إبراز خصوصية الأنظمة السعودية في تعاملها مع قواعد البيئة والأحكام المتعلقة بها .

وأسأل الله ختاما أن يُنتفع به، كما اسأل الله العلي القدير أن يجعل لهذا الكتاب القبول، وأن يأجرني على نشر العلم أنه سميع مجيب .

الدكتور منذر عبد الكريم القضاة

جامعة الإمام محمد بن سعود الإسلامية

كلية الشريعة والدراسات الإسلامية بالإحساء

قسم الأنظمة

Monther_alkodah@yahoo.com

السعودية 00966547964384

الأردن 00962777407535

الأهداف العلمية المتوخاة من هذا الكتاب

يهدف هذا المقرر إلى :

1. تعريف الطالب بنظام البيئة السعودي وموضوعاته

2. أن يتعرف الطالب على جهود المحافظة على البيئة في المملكـة العربيـة السعودية

3. تعريف الطالب بطبقة الأوزون، والمخـاطر المترتبـة علـى توسـع فتحـة طبقة الأوزون

4. أن يتعـرف الطالـب علـى العقوبـات المنصـوص عليهـا بنظـام البيئـة السعودي بحق المؤسسات المخالفة للبيئة

5. تعريف الطالـب بموقـف التشـريع الإسـلامي مـن البيئـة، وضـرورة المحافظة عليها

6. أن يتعـرف الطالـب علـى المنظمـات والمؤسسـات الدوليـة التـي تعنـى بالبيئة

7. تعريف الطالب بالجهود القانونية العربية في مجال العناية بالبيئة

8. تعريف الطالب بالمؤسسات الوطنية السعودية التي تهتم بالمحافظة علـى البيئة

الباب الأول
البيئة

الأهداف العلمية المتوخاة من الباب الأول

يفترض بالطالب بعد الانتهاء من دراسته للباب الأول أن يكون ملمـا بصورة أساسية بالمفاهيم والمصطلحات والأفكار التالية :

1. تعريف البيئة وعناصرها
2. مفهوم البيئة في اللغة والاصطلاح والقانون
3. خصائص النظام البيئي بشكل عام
4. الإنسان ودوره في البيئة
5. دور الإنسان في الإخلال بتوازن النظم البيئية
6. تأثير الصناعة والتكنولوجيا على البيئة
7. الاتفاقيات التي تمت بين الدول بشأن حماية البيئة
8. المنظمات الدولية في مجال حماية البيئة
9. قوانين حماية البيئة في الدول العربية

تمهيد

يطلق لفظ البيئة على مجموع الظروف والعوامل الخارجية التي تعيش فيها الكائنات الحية، وتؤثر في العمليات الحيوية التي تقوم بها، ويقصد بالنظام البيئي أية مساحة من الطبيعة وما تحويه من كائنات حية ومواد حية في تفاعلها مع بعضها البعض ومع الظروف البيئية وما تولده من تبادل بين الأجزاء الحية وغير الحية ومن أمثلة النظم البيئية الغابة والنهر والبحيرة والبحر، وواضح من هذا التعريف أنه يأخذ في الاعتبار كل الكائنات الحية التي يتكون منها المجتمع البيئي (البدائيات، والطلائعيات والتوالي النباتية والحيوانية) وكذلك كل عناصر البيئة غير الحية (تركيب التربة، الرياح، طول النهار، الرطوبة، التلوث...الخ) ويأخذ الإنسان – كأحد كائنات النظام البيئي – مكانة خاصة نظراً لتطوره الفكري والنفسي، فهو المسيطر- إلى حد ملموس – على النظام البيئي وعلى حسن تصرفه تتوقف المحافظة على النظام البيئي وعدم استنزافه، وخلال هذا الباب سنتعرف على مفهوم البيئة، والعناصر التي تتكون منها، والإنسان والبيئة.(1)

---

(1) موسوعة التلوث البيئي، سحر أمين حسين، الأردن، دار دجلة للنشر، 2010، ص: 8

الفصل الأول
التعريف بالبيئة وعناصرها

المبحث الأول : مفهوم البيئة

المطلب الأول : تعريف البيئة(1)

الفرع الأول : تعريف البيئة لغةً

الأصل اللغوي لكلمة بيئة هو الجذر (ب و أ)، قال ابن منظور في لسان العرب: بَوَأَ: باء إلى الشيء يَبوء بَوءًا؛ أي رجَع.

وتبوَّأتُ منزلاً؛ أي نَزلتُه، وقوله - تعالى :- ﴿ وَالَّذِينَ تَبَوَّؤُوا الدَّارَ وَالْإِيمَانَ﴾ [الحشر: 9]، جعل الإيمان محلاً لهم على المثل، وإنه لحسن البيئة؛ أي :هيئة التبوُّء، والبيئة والباءة والمباءة: المنزل، وباءت بِيئَة سوء، على مثال) بِيعة :(أي بحال سوء. (2)

وقد تمَّ استِعمال كلمة البيئة بمعنى الحال الراهن للمكان المحيط بالإنسان - وهو تقريبًا المعنى المُستعمَل اليوم - لم يكن الخيار الأول والوجه الأكثر

---

(1) بحث عن البيئة منشور على الرابط
http://www.alukah.net/culture/0/59342/#ixzz3uKFveUWL
(بتصرف يسير) وجميع التعريفات الموجودة مستلة من هذا البحث .

(2) ابن منظور، الإفريقي، لسان العرب، ط1، دار الكتب العلمية 1424هـ - 2003م، باب الألف، فصل الباء فالواو، مادة (ب و أ) (1: 42) فما بعدها.

استعمالاً عند العرب، وعلى كلٍّ فالمُصطَلح قطع هذه المرحلة وبات مُستعمَلاً بسلاسة ووضوح؛ ذلك أن المقصود بالبيئة عند أكثر المُتحدِّثين بها هو: المكان أو الحيِّز المُحيط بالإنسان [1].

الفرع الثاني : البيئة في الاصطلاح العلمي المعاصر

تُعرَّف البيئة بأنها: "كل ما يُحيط بالإنسان من أشياء تؤثر على الصحة، فتشمل المدينة بأكملها، مساكنها، شوارعها، أنهارها، آبارها، شواطئها، كما تشمل كل ما يَتناوله الإنسان من طعام وشراب، وما يلبسه من ملابس، بالإضافة إلى العوامل الجوية والكيميائية، وغير ذلك." [2]

ومِن تعريفات البيئة في هذا العلم أيضًا ما قاله البعض: إن للبيئة مفهومين يُكمل بعضهما الآخَر: "أولهما البيئة الحيوية؛ وهي كل ما يختصُّ بحياة الإنسان وبعلاقته بالمخلوقات الحية، الحيوانية والنباتية التي تَعيش معه.

أما ثانيهما فهي البيئة الطبيعية، وتشمَل موارد المياه، والفضلات، والتخلُّص منها، والحشرات وتربة الأرض، والمساكن، والجو ونَقاوته أو تلوثه، والطقس، وغير ذلك من الخصائص الطبيعية للوسط." [3]

---

(1) د. عمر بن محمد القحطاني، أحكام البيئة في الفقه الإسلامي، ط1 دار ابن الجوزي 1429هـ - 2008م، المبحث الأول، (ص(24 – 21 : باختصار.
(2) "ماهية البيئة"؛ للدكتور: أسامة عبد العزيز.
(3) المرجع السابق

أما البيئة بمفهومها الواسع فهي تشمل عدة أبعاد؛ تكنولوجية، اجتماعية، اقتصادية، تاريخيَّة، ثقافية.

وكل بُعدٍ من هذه الأبعاد يتفاعل مع الأبعاد الأُخرى، ويلعب دورًا حيويًّا في توازُن هذا الكل، فعندما نقول البيئة، فنحن نقصد جميع العناصر التي تُحيط بالإنسان وتتفاعل معه من خلال قيامه بنشاطاته الحيوية" (1).

ويُمكن إدراج تعريف آخَر مُشابه لما سبَق ذكره؛ فالبيئة - حسب بعض الباحثين -: "عبارة عن نسيج من التفاعلات المختلفة بين الكائنات العُضوية الحيَّة بعضها البعض" إنسان، حيوان، نبات"..، وبينها وبين العناصر الطبيعية غير الحية (الهواء، الشمس، التُّربة)...، ويتمُّ هذا التفاعل وفق نظام دقيق، مُتوازِن ومُتكامِل يُعبَّر عنه بالنظام البيئي."

وهناك مَن عرف البيئة من الناحية العِلميَّة بأنها" :مجموع العناصر الطبيعية التي تُكيِّف حياة الإنسان." (2)

نظرًا لما سلف ذِكرُه، يُمكن استِخلاص تَعريف عِلمي لمفهوم البيئة بأنها: إجمالي الأشياء المُحيطة بالإنسان والمؤثِّرة على وجود الكائنات الحية على سَطح الأرض، متضمِّنة الهواء والماء والتربة والمعادن والمُناخ والكائنات أنفسهم.

---

(1) البحث العلمي، مجلة العلوم الإنسانية والاجتماعية، العدد 46، (ص: 22 – 23) .
(2) الوجيز في قانون البيئة؛ للدكتور عبد المجيد السملالي، (ص: 13) .

كما يُمكن وصفُها بأنها :مَجموعة من الأنظمة المُتشابِكة مع بعضها البعض لدرجة التعقيد، والتي تؤثِّر وتُحدِّد بقاء الإنسان في هذا العالم، والتي تتعامَل وفق نِظام دقيق مُتوازِن ومُتكامِل يعبَّر عنه بالمنظومة البيئية.

وأما مؤتمر الأمم المتَّحدة للبيئة البشرية في ستوكهولم سنة 1972 فقدَّم تعريفًا للبيئة بأنها: "رصيد الموارد المادية والاجتماعية المُتاحة في وقتٍ ما، وفي مكان ما، لإشباع حاجات الإنسان وتطلُّعاته [1].

وإذا نظرْنا إلى هذه التعريفات السالفة الذِّكر نجد أنها تختلف باختلاف الأنظِمة القانونيَّة، لكنَّها تتَّفق في الإطار العام الحاكم للمَفهوم.

" لقد ظهر قانون البيئة نتيجة التطورات التي جرَت في الواقع في مجال البيئة وتلويثها؛ حيث أظهرت بوضوح أهمية إقرار حق الإنسان في حماية بيئيَّة سليمة ومناسِبة، يُعتبر هذا الحق من حقوق الجيل الثالث من أجيال حقوق الإنسان، والتي أُطلِق عليها حقوق التضامن . [2]

---

(1) الوجيز في قانون البيئة؛ للدكتور عبد المجيد، (ص: 29) .
(2) نفس المصدر السابق، (ص: 37 – 38)

المبحث الثاني : مفهوم وعناصر البيئة

البيئة لفظة شائعة الاستخدام يرتبط مدلولها بنمط العلاقة بينها وبين مستخدمها فنقول: البيئة الزراعية، والبيئة الصناعية، والبيئة الصحية، والبيئة الاجتماعية والبيئة الثقافية، والسياسية.... ويعنى ذلك علاقة النشاطات البشرية المتعلقة بهذه المجالات...

وقد ترجمت كلمة Ecology إلى اللغة العربية بعبارة "علم البيئة" التي وضعها العالم الألماني ارنست هيجل Ernest Haeckel عام 1866م بعد دمج كلمتين يونانيتين هما Oikes ومعناها مسكن، و Logos ومعناها علم وعرفها بأنها "العلم الذي يدرس علاقة الكائنات الحية بالوسط الذي تعيش فيه ويهتم هذا العلم بالكائنات الحية وتغذيتها، وطرق معيشتها وتواجدها في مجتمعات أو تجمعات سكنية أو شعوب، كما يتضمن أيضاً دراسة العوامل غير الحية مثل خصائص المناخ (الحرارة، الرطوبة، الإشعاعات، غازات المياه والهواء) والخصائص الفيزيائية والكيميائية للأرض والماء والهواء.

ويتفق العلماء في الوقت الحاضر على أن مفهوم البيئة يشمل جميع الظروف والعوامل الخارجية التي تعيش فيها الكائنات الحية وتؤثر في العمليات التي تقوم بها. فالبيئة بالنسبة للإنسان- "الإطار الذي يعيش فيه والذي يحتوي على التربة والماء والهواء وما يتضمنه كل عنصر من هذه العناصر الثلاثة من مكونات جمادية، وكائنات تنبض بالحياة. وما يسود هذا الإطار من مظاهر شتى من

طقس ومناخ ورياح وأمطار وجاذبية و مغناطيسية .. الخ ومن علاقات متبادلة بين هذه العناصر.

فالحديث عن مفهوم البيئة إذن هو الحديث عن مكوناتها الطبيعية وعن الظروف والعوامل التي تعيش فيها الكائنات الحية. (1)

المطلب الأول : أقسام البيئة

قسم بعض الباحثين البيئة إلى قسمين رئيسين هما:

البيئة الطبيعية: وهي عبارة عن المظاهر التي لا دخل للإنسان في وجودها أو استخدامها ومن مظاهرها: الصحراء، البحار، المناخ، التضاريس، والماء السطحي، والجوفي والحياة النباتية والحيوانية. والبيئة الطبيعية ذات تأثير مباشر أو غير مباشر في حياة أية جماعة حية Population من نبات أو حيوان أو إنسان.

البيئة المشيدة:- وتتكون من البنية الأساسية المادية التي شيدها الإنسان ومن النظم الاجتماعية والمؤسسات التي أقامها، ومن ثم يمكن النظر إلى البيئة المشيدة من خلال الطريقة التي نظمت بها المجتمعات حياتها، والتي غيرت البيئة الطبيعية لخدمة الحاجات البشرية، وتشمل البيئة المشيدة استعمالات الأراضي للزراعة والمناطق السكنية والتنقيب فيها عن الثروات الطبيعية

---

(1) موسوعة التلوث البيئي، سحر أمين حسين (مرجع سابق) ص: 5

وكذلك المناطق الصناعية وكذلك المناطق الصناعية والمراكز التجارية والمدارس والعاهد والطرق...الخ.

والبيئة بشقيها الطبيعي والمشيد هي كل متكامل يشمل إطارها الكرة الأرضية، أو لنقل كوكب الحياة، وما يؤثر فيها من مكونات الكون الأخرى ومحتويات هذا الإطار ليست جامدة بل أنها دائمة التفاعل مؤثرة ومتأثرة والإنسان نفسه واحد من مكونات البيئة يتفاعل مع مكوناتها بما في ذلك أقرانه من البشر، وقد ورد هذا الفهم الشامل على لسان السيد يوثانت الأمين العام للأمم المتحدة حيث قال "أننا شئنا أم أبينا نسافر سوية على ظهر كوكب مشترك.. وليس لنا بديل معقول سوى أن نعمل جميعاً لنجعل منه بيئة نستطيع نحن وأطفالنا أن نعيش فيها حياة كاملة آمنة". و هذا يتطلب من الإنسان وهو العاقل الوحيد بين صور الحياة أن يتعامل مع البيئة بالرفق والحنان، يستثمرها دون إتلاف أو تدمير... ولعل فهم الطبيعة مكونات البيئة والعلاقات المتبادلة فيما بينها يمكن الإنسان أن يوجد ويطور موقعاً أفضل لحياته وحياة أجياله من بعده. (1)

(1) موسوعة التلوث البيئي، سحر أمين حسين (مرجع سابق) ص: 6-7

المطلب الثاني : عناصر البيئة[1]

يمكن تقسيم البيئة إلى ثلاثة عناصر هي:

الفرع الأول : عنصر البيئة الطبيعية

وتتكون من أربعة نظم مترابطة وثيقاً هي: الغلاف الجوي، الغلاف المائي، اليابسة، المحيط الجوي، بما تشمله هذه الأنظمة من ماء وهواء وتربة ومعادن، ومصادر للطاقة بالإضافة إلى النباتات والحيوانات، وهذه جميعها تمثل الموارد التي أتاحها الله سبحانه وتعالى للإنسان كي يحصل منها على مقومات حياته من غذاء وكساء ودواء ومأوى.

الفرع الثاني : عنصر البيئة البيولوجية

وتشمل الإنسان "الفرد" وأسرته ومجتمعه، وكذلك الكائنات الحية في المحيط الحيوي وتعد البيئة البيولوجية جزءاً من البيئة الطبيعية.

الفرع الثالث : عنصر البيئة الاجتماعية

ويقصد بالبيئة الاجتماعية ذلك الإطار من العلاقات الذي يحدد ماهية علاقة حياة الإنسان مع غيره، ذلك الإطار من العلاقات الذي هو الأساس في تنظيم أي جماعة من الجماعات سواء بين أفرادها بعضهم ببعض في بيئة ما، أو بين جماعات متباينة أو متشابهة معاً وحضارة في بيئات متباعدة، وتؤلف أنماط تلك

---

[1] بحث عن البيئة منشور على الرابط http://www.wildlife-pal.org/environment.htm

العلاقات مـا يعـرف بـالنظم الاجتماعيـة، واستحدث الإنسـان خـلال رحلـة حياته الطويلة بيئة حضارية لكي تساعده في حياته فعمّر الأرض واختـرق الأجواء لغزو الفضاء.

المطلب الثالث : عناصر البيئة الحضارية للإنسان (1)

عناصر البيئة الحضارية للإنسان تتحدد في جانبين رئيسيين هما :

أولاً: الجانب المادي

وهو كل ما استطاع الإنسان أن يصنعه كالمسكن والملبس ووسائل النقل والأدوات والأجهزة التي يستخدمها في حياته اليومية

ثانياً : الجانب غير المادي

يشمل عقائد الإنسان و عاداته وتقاليده وأفكاره وثقافته وكل مـا تنطـوي عليه نفس الإنسان من قيم وآداب وعلوم تلقائية كانت أم مكتسبة.

وإذا كانت البيئة هي الإطار الذي يعيش فيه الإنسان ويحصل منـه على مقومات حياته من غذاء وكساء ويمارس فيه علاقاتـه مـع أقرانـه مـن بنـي البشر، فإن أول ما يجب على الإنسان تحقيقـه حفاظـاً علـى هـذه الحيـاة أ، يفهم البيئة فهماً صحيحاً بكل عناصرها ومقوماتها وتفاعلاتها المتبادلـة، ثم أن يقوم بعمل

─────────────────────────────

(1) بحث عن البيئة منشور على الرابط http://www.wildlife-pal.org/environment.htm

جماعي جاد لحمايتها وتحسينها و أن يسعى للحصول على رزقه وأن يمارس علاقاته دون إتلاف أو إفساد.

المطلب الرابع : خصائص النظام البيئي

يتكون كل نظام بيئي مما يأتي:

كائنات غير حية: وهي المواد الأساسية غير العضوية والعضوية في البيئة.

كائنات حية: وتنقسم إلى قسمين رئيسين:

أ. كائنات حية ذاتية التغذية:

وهي الكائنات الحية التي تستطيع بناء غذائها بنفسها من مواد غير عضوية بسيطة بوساطة عمليات البناء الضوئي، (النباتات الخضر)، وتعتبر هذه الكائنات المصدر الأساسي والرئيسي لجميع أنواع الكائنات الحية الأخرى بمختلف أنواعها كما تقوم هذه الكائنات باستهلاك كميات كبيرة من ثاني أكسيد الكربون خلال عملية التركيب الضوئي وتقوم بإخراج الأكسجين في الهواء.

ب. كائنات حية غير ذاتية التغذية:

وهي الكائنات الحية التي لا تستطيع تكوين غذائها بنفسها وتضم الكائنات المستهلكة والكائنات المحللة، فآكلات الحشائش مثل الحشرات التي تتغذى على الأعشاب كائنات مستهلكة تعتمد على ما صنعه النبات وتحوله في أجسامها إلى مواد مختلفة تبني بها أنسجتها وأجسامها، وتسمى مثل هذه الكائنات المستهلك الأول لأنها تعتم مباشرة على النبات، والحيوانات التي

تتغذى على هذه الحشرات كائنات مستهلكة أيضاً ولكنها تسمى "المستهلك الثاني" لأنها تعتمد على المواد الغذائية المكونة لأجسام الحشرات والتي نشأت بدورها من أصل نباتي، أما الكائنات المحللة فهي تعتمد في التغذية غير الذاتية على تفكك بقايا الكائنات النباتية والحيوانية وتحولها إلى مركبات بسيطة تستفيد منها النباتات ومن أمثلتها البكتيريا الفطريات وبعض الكائنات المترممة.

المبحث الثالث : الإنسان ودوره في البيئة[1]

يعتبر الإنسان أهم عامل حيوي في إحداث التغيير البيئي والإخلال الطبيعي البيولوجي، فمنذ وجوده وهو يتعامل مع مكونات البيئة، وكلما توالت الأعوام ازداد تحكماً وسلطاناً في البيئة، وخاصة بعد أن يسر له التقدم العلمي والتكنولوجي مزيداً من فرص إحداث التغير في البيئة وفقاً لازدياد حاجته إلى الغذاء والكساء.

وهكذا قطع الإنسان أشجار الغابات وحول أرضها إلى مزارع ومصانع ومساكن، وأفرط في استهلاك المراعي بالرعي المكثف، ولجأ إلى استخدام الأسمدة الكيمائية والمبيدات بمختلف أنواعها، وهذه كلها عوامل فعالة في الإخلال بتوازن النظم البيئية، ينعكس أثرها في نهاية المطاف على حياة الإنسان كما يتضح مما يلي:

المطلب الأول : دور الإنسان في الإخلال بتوازن النظم البيئية

• الغابات

الغابة نظام بيئي شديد الصلة بالإنسان، وتشمل الغابات ما يقرب 28% من القارات ولذلك فإن تدهورها أو إزالتها يحدث انعكاسات خطيرة في النظام

_____

(1) موسوعة التلوث البيئي، سحر أمين حسين (مرجع سابق) ص: 10

البيئي وخصوصاً في التوازن المطلوب بين نسبتي الأكسجين وثاني أكسيد الكربون في الهواء.

• المراعي

يؤدي الاستخدام السيئ للمراعي إلى تدهور النبات الطبيعي، الذي يرافقه تدهور في التربة والمناخ، فإذا تتابع التدهور تعرت التربة وأصبحت عرضة للانجراف.

• النظم الزراعية والزراعة غير المتوازنة

قام الإنسان بتحويل الغابات الطبيعية إلى أراض زراعية فاستعاض عن النظم البيئية الطبيعية بأجهزة اصطناعية، واستعاض عن السلاسل الغذائية وعن العلاقات المتبادلة بين الكائنات والمواد المميزة للنظم البيئية بنمط آخر من العلاقات بين المحصول المزروع والبيئة المحيطة به، فاستخدم الأسمدة والمبيدات الحشرية للوصول إلى هذا الهدف، وأكبر خطأ ارتكبه الإنسان في تفهمه لاستثمار الأرض زراعياً هو اعتقاده بأنه يستطيع استبدال العلاقات الطبيعية المعقدة الموجودة بين العوامل البيئية النباتات بعوامل اصطناعية مبسطة، فعارض بذلك القوانين المنظمة للطبيعة، وهذا ما جعل النظم الزراعية مرهقة وسريعة العطب.

● النباتات والحيوانات البرية

أدى تدهور الغطاء النباتي والصيد غير المنتظم إلى تعرض عدد كبير من النباتات والحيوانات البرية إلى الانقراض، فأخل بالتوازن البيئية.

● تلويث المحيط المائي

إن للنظم البيئية المائية علاقات مباشرة وغير مباشرة بحياة الإنسان، فمياهها التي تتبخر تسقط في شكل أمطار ضرورية للحياة على اليابسة، ومدخراتها من المادة الحية النباتية والحيوانية تعتبر مدخرات غذائية للإنسانية جمعاء في المستقبل، كما أن ثرواتها المعدنية ذات أهمية بالغة.

● تلوث الجو

تتعدد مصادر تلوث الجو، ويمكن القول أنها تشمل المصانع ووسائل النقل والانفجارات الذرية والفضلات المشعة، كما تتعدد هذه المصادر وتزداد أعدادها يوماً بعد يوم، ومن أمثلتها الكلور، أول ثاني أكسيد الكربون، ثاني أكسيد الكبريت، أكسيد النيتروجين، أملاح الحديد والزنك والرصاص وبعض المركبات العضوية والعناصر المشعة. وإذا زادت نسبة هذه الملوثات عن حد معين في الجو أصبح لها تأثيرات واضحة على الإنسان وعلى كائنات البيئة.

●تلوث التربة

تتلـوث التربـة نتيجـة اسـتعمال المبيـدات المتنوعـة والأسـمدة وإلقـاء الفضلات الصناعية، وينعكس ذلك على الكائنات الحية في التربة، وبالتالي على خصوبتها وعلى النبات والحيوان، مما ينعكس أثره على الإنسـان في نهاية المطاف.

المطلب الثاني: الإنسان في مواجهة التحديات البيئية (1)

الإنسان أحد الكائنات الحية التي تعيش علـى الأرض، وهـو يحتـاج إلى أكسجين لتنفسه للقيام بعملياته الحيوية، وكما يحتاج إلى مـورد مسـتمر مـن الطاقة التي يستخلصها من غذائه العضوي الذي لا يستطيع الحصول عليه إلا من كائنات حية أخرى نباتية وحيوانية، ويحتاج أيضاً إلى المـاء الصـالح للشرب لجزء هام يمكنه من الاستمرار في الحياة.

وتعتمـد اسـتمرارية حياتـه بصـورة واضـحة علـى إيجـاد حلـول عاجلـة للعديد من المشكلات البيئية الرئيسة التي من أبرزها مشكلات ثلاث يمكن تلخيصها فيما يلي:

أ.   كيفيـة الوصـول إلـى مصـادر كافيـة للغذاء لتـوفير الطاقـة لأعداده المتزايدة.

(1) بحث متكامل عن البيئة منشور على الرابط http://www.mawhopon.net/?p=7966

ب. كيفية التخلص من حجم فضلاته المتزايدة وتحسين الوسائل التي يجب التوصل إليها للتخلص من نفاياته المتعددة، وخاصة النفايات غير القابلة للتحلل.

ج. كيفية التوصل إلى المعدل المناسب للنمو السكاني، حتى يكون هناك توازن بين عدد السكان والوسط البيئي.

ومن الثابت أن مصير الإنسان، مرتبط بالتوازنات البيولوجية وبالسلاسل الغذائية التي تحتويها النظم البيئية، وأن أي إخلال بهذه التوازانات والسلاسل ينعكس مباشرة على حياة الإنسان ولهذا فإن نفع الإنسان يكمن في المحافظة على سلامة النظم البيئية التي يؤمن له حياة أفضل، ونذكر فيما يلي وسائل تحقيق ذلك:

الإدارة الجيدة للغابات: لكي تبقى الغابات على إنتاجيتها ومميزاتها.

الإدارة الجيدة للمراعي: من الضروري المحافظة على المراعي الطبيعية ومنع تدهورها وبذلك يوضع نظام صالح لاستعمالاتها.

الإدارة الجيدة للأراضي الزراعية: تستهدف الإدارة الحكيمة للأراضي الزراعية الحصول على أفضل عائد كما ونوعاً مع المحافظة على خصوبة التربة وعلى التوازنات البيولوجية الضرورية لسلامة النظم الزراعية، يمكن تحقيق ذلك:

- تعدد المحاصيل في دورة زراعية متوازنة.

- تخصيب الأراضي الزراعية.
- تحسين التربة بإضافة المادة العضوية.
- مكافحة انجراف التربة.

1. مكافحة تلوث البيئة: نظراً لأهمية تلوث البيئة بالنسبة لكل إنسان فإن من الواجب تشجيع البحوث العلمية بمكافحة التلوث بشتى أشكاله.

2. التعاون البناء بين القائمين على المشروعات وعلماء البيئة: إن أي مشروع نقوم به يجب أن يأخذ بعين الاعتبار احترام الطبيعة، ولهذا يجب أن يدرس كل مشروع يستهدف استثمار البيئة بواسطة المختصين وفريق من الباحثين في الفروع الأساسية التي تهتم بدراسة البيئة الطبيعية، حتى يقرروا معاً التغييرات المتوقع حدوثها عندما يتم المشروع، فيعملوا معاً على التخفيف من التأثيرات السلبية المحتملة، ويجب أن تظل الصلة بين المختصين والباحثين قائمة لمعالجة ما قد يظهر من مشكلات جديدة.

3. تنمية الوعي البيئي: تحتاج البشرية إلى أخلاق اجتماعية عصرية ترتبط باحترام البيئة، ولا يمكن أن نصل إلى هذه الأخلاق إلا بعد توعية حيوية توضح للإنسان مدى ارتباطه بالبيئة و تعلمه أ، حقوقه

في البيئة يقابلها دائماً واجبات نحو البيئة، فليست هناك حقوق دون واجبات.

وأخيراً مما تقدم يتبين أن هناك علاقة اعتمادية داخلية بين الإنسان وبيئته فهو يتأثر ويؤثر عليها وعليه يبدو جلياً أن مصلحة الإنسان الفرد أو المجموعة تكمن في تواجده ضمن بيئة سليمة لكي يستمر في حياة صحية سليمة.

المبحث الرابع : أثر التصنيع والتكنولوجيا الحديثة على البيئة

إن للتصنيع والتكنولوجيا الحديثة آثاراً سيئة في البيئة، فانطلاق الأبخرة والغازات وإلقاء النفايات أدى إلى اضطراب السلاسل الغذائية، وانعكس ذلك على الإنسان الذي أفسدت الصناعة بيئته وجعلتها في بعض الأحيان غير ملائمة لحياته كما يتضح مما يلي:

المطلب الأول : تأثير الصناعة والتكنولوجيا على البيئة[1]

عندما كان عدد السكان قليلاً، لم يكن استعمال الأنهار لتصريف الفضلات ذا أهمية كبيرة ثم تغيرت الحالة بسرعة مع حلول الصناعة. لقد استعملت الصناعة قوة الجاذبية والانحدار الطبيعي للمياه لتصريف فضلاتها في مجاري الأنهار، وكانت نتيجة ذلك سيئة جداً، وألحقت الضرر بالأنهار والبيئة، ولكن بعض الدول قد تنبهت مؤخراً لخطورة الأمر، وسارعت إلى تدارك ما أفسدته الصناعة. ففي إنكلترا، أصبح نهر التايمز الآن أنظف مما كان عليه قبل خمسين سنة، رغم تكاثر عدد السكان الذين يعيشون على ضفافه، وليس من المستبعد أن يظهر سمك السلمون من جديد في هذا النهر .

_____

[1] تقرير بعنوان : تأثير الصناعة والتكنولوجيا على البيئة منشور على الرابط -http://noor alestiqamah.com/vb/showthread.php?t=11086

ومن العوامل التي تؤثر على البيئة وتضر بها تخريب الأراضي التي تشكل كارثة بالنسبة للنظم البيئية، لما تحويه من فضلات صلبة متنوعة ترمى في أراض قد تستعمل في الزراعة، أو تحول إلى حدائق عامة للاستجمام.

وعلى مدى التاريخ، تشكل الحروب السبب الرئيس لتخريب البيئة، لما تحمله من دمار إلى المناطق التي تقع فيها. بيد أن الضرر الذي تحدثه الحرب، يبعث اندفاعاً كبيراً نحو إعادة البناء، وغالباً ما يكون هذا الاندفاع سبباً في إزالة الآثار القديمة.

ومع ازدياد حركة البناء، ازداد الطلب على الحصى، وكثر استخراجه من مجاري الأنهار، ففي وادي التايمز أوجد استخراج الحصى بحيرات عدة، لم يهمل بعضها منذ البداية، فكثرت فيها الطيور المائية، والطويلة الساق، وجذبت إليها مجموعة من الاختصاصيين في علم الطيور. إن بعض هذه البحيرات كبيرة بشكل يسمح باستعمال المراكب الشراعية، مما يشجع الناس لتمضية وقتهم في هذه المنطقة مما يضفي عليها مناظر خلابة، لكن البلديات المحلية، كانت للأسف ولا تزال تشتري هذه البحيرات وتستعملها لتصريف النفايات التي تقتل الحياة فيها، وهكذا تتغلب المصلحة الخاصة على المصلحة العامة.

وتشكل صناعة النفط مثلاً حياً للتضخم التكنولوجي في العالم، إذ إن صناعة السيارات مثلاً، تتطلب الحديد، والألمنيوم، والمواد البلاستيكية والكاوتشوك. ولقد أتلفت زراعة الكاوتشوك مساحات برية كثيرة في المناطق الاستوائية وحل

البترول في الوقت الحاضر في صناعة الكاوتشوك الاصطناعي، كما حلت الصناعة البتروكيماوية مكان الصناعات الكيماوية في إنتاج كثير من المواد (مثل مواد التنظيف والمواد البلاستيكية) وتتطلب مصانع إنتاج السيارات إقامة تجمعات بشرية، وإنشاء مدن جديدة، وشق طرقات وتأمين مواصلات وأماكن للراحة، وإيجاد مرائب لسيارات العمال والمهندسين .إلا أن هذه المناطق الصناعية، لا تخلو من بقاع مليئة بأكوام من حطام السيارات والمواد الأخرى التي تؤذي الناظر إليها، وتظهر مدى الإسراف في المواد الأولية، هذا فضلاً عما تخلفه الصناعة من ضرر كبير بالبيئة، من المواد اللاذعة، والمواد الملونة السامة التي تتحل بالماء وتؤثر على صحة الإنسان، وعلى النواميس التي تعمل بشكل غير منظور في حماية وتنظيف البيئة.

وتثبت أزمة البيئة، أن الطريقة التي يتبعها البشر في استغلال المكان الذي يعيشون فيه، غير ملائمة، ولا يدعي أحد أن ظهور المواد الملوثة حديثاً كان نتيجة لتحولات طبيعية لا علاقة لها بعمل الإنسان. إن مناطق العالم - وهي نادرة جداً - التي تمارس بها نشاطات الإنسان بكثرة، بقيت سليمة من سحب الدخان، والمياه العفنة، والأرض القاحلة، فالأخطاء التي ارتكبها في نشاطاته على الأرض كانت سبباً للأضرار الجسيمة التي لحقت بالبيئة (اجتمع مسؤولون في مقر الأمم المتحدة في نيويورك لمناقشة التقدم الذي أحرز منذ قمة

الأرض في ريودي جانيرو عـام 1992 وألمحـوا إلى ضـرورة السـيطرة على السيارات المنتشرة في كل مكان لحماية البيئة.

إلا أن الضـرر النـاتج عن المكننة يبقى محـدوداً إذا ما قيس بالضـرر الذي تحدثه المواد الاصطناعية المركبـة، وينفرد العنصـر البشـري عن سـائر الكائنات الحية في إنتاج المواد المركبـة التي لا توجـد في الطبيعـة وينتج تقهقر البيئة عن إدخال عناصـر غريبة على النظم البيئيـة والمثل السـاطع على ذلك، هو المواد البلاستيكية الاصطناعية التي لا تتحلل بيولوجيا كما هو الحال بالنسبة للمواد الطبيعية، وتتراكم هذه المـواد بشكل فضـلات في الطبيعة، ويمكن التخلص منها بإحراقها، وتكون في كلتا الحـالتين سـبباً في تلوث البيئة.

وبصورة عامة، فإن أي عمل يدخل في الوسط الطبيعي عناصـر غريبة عنه، قد يكون في أغلب الأحيان سبباً من أسباب التلوث، إن تكـاثر السـكان والتلوث البيئي هما الشغل الشاغل للإنسانية في عصرنا الحاضر؛ إذ يزداد التلوث بازدياد عدد السكان، وينتج عادة عن الطريقة المتبعة للتخلص مـن النفايات بأقل كلفة.

المطلب الثاني : أثر التصنيع والتكنولوجيا الحديثة على البيئة

إن للتصنيع والتكنولوجيا الحديثة آثاراً سيئة في البيئة، فانطلاق الأبخرة والغازات وإلقاء النفايات أدى إلى اضطراب السلاسل الغذائيـة، وانعكس ذلك على الإنسان الذي أفسدت الصناعة بيئته وجعلتها في بعض الأحيـان غير ملائمة لحياته كما يتضح مما يلي:

● **تلويث المحيط المائي**

إن للنظم البيئية المائية علاقات مباشرة وغير مباشرة بحياة الإنسان، فمياهها التي تتبخر تسقط في شكل أمطار ضرورية للحياة على اليابسة، ومدخراتها من المادة الحية النباتية والحيوانية تعتبر مدخرات غذائية للإنسانية جمعاء في المستقبل، كما أن ثرواتها المعدنية ذات أهمية بالغة.

● **تلوث الجو**

تتعدد مصادر تلوث الجو، ويمكن القول أنها تشمل المصانع ووسائل النقل والانفجارات الذرية والفضلات المشعة، كما تتعدد هذه المصادر وتزداد أعدادها يوماً بعد يوم، ومن أمثلتها الكلور، أول ثاني أكسيد الكربون، ثاني أكسيد الكبريت، أكسيد النيتروجين، أملاح الحديد والزنك والرصاص وبعض المركبات العضوية والعناصر المشعة. وإذا زادت نسبة هذه الملوثات عن حد معين في الجو أصبح لها تأثيرات واضحة على الإنسان وعلى كائنات البيئة.

● **تلوث التربة**

تتلوث التربة نتيجة استعمال المبيدات المتنوعة والأسمدة وإلقاء الفضلات الصناعية، وينعكس ذلك على الكائنات الحية في التربة، وبالتالي على خصوبتها وعلى النبات والحيوان، مما ينعكس أثره على الإنسان في نهاية المطاف.

الفصل الثاني

الاتفاقيات الدولية في مجال البيئة

المبحث الأول : الاتفاقيات الدولية في مجال البيئة

المطلب الأول : اتفاقيات البيئة الدولية (1)

يُعتبَر القانون الدولي للبيئة حديث النشأة؛ إذ إن أصوله الحقيقية تعود إلى نهاية الستينيات من القرن العشرين، وهي المرحلة التي بلغ فيها النمو الاقتصادي مستويات مُرتفِعة بعد مرحلة البناء التي تلت الحرب العالمية الثانية.

حيث يعدُّ قانون البيئة أحد فروع القانون الدولي العام الذي يهتمُّ بحماية البيئة بمختلف جوانبها، ويُمكن إجمال المواضيع التي يهتمُّ بها القانون الدولي البيئي فيما يلي:

"منع تلوث المياه البحرية، وتوفير الحماية والاستخدام المعقول للثروات والأحياء البحرية، حماية المحيط الجويِّ من التلوث، حماية النباتات والغابات والحيوانات البريَّة، حماية المَخلوقات الفريدة، حماية البيئة المحيطة من التلوُّث." (2)

---

(1) مفهوم البيئة، د. سامح عبدالسلام محمد، منشور على موقع الألوكة http://www.alukah.net/culture/0/59342/

(2) انظر الموقع على شبكة الإنترنت www.cmes - maroc.com مقالة: "القواعد الدولية لحماية البيئة" لحياة زلماط.

مما سبَق يُمكن تعريف القانون الدولي البيئي بأنه: "مجموعة قواعد ومبادئ القانون الدولي التي تُنظِّم نشاط الدول في مجال منْع وتَقليل الأضرار المختلفة التي تنتج من مصادر مختلفة للمحيط البيئي."

المطلب الثاني : الاتفاقيات بشأن حماية البيئة(1)

لقد أُبرمت مجموعة من الاتفاقيات الدولية بشأن حماية البيئة، سواء على المستوى العالَمي أو الإقليمي.

ما هي أهم الاتفاقيات المُبرَمة على المستوى العالمي في مجال حماية البيئة ؟

1. اتفاقية لندن 1954 الخاصة بمنع تلوث البِحار بالنفط.
2. اتفاقيَّة باريس 1960 بشأن التجارب الذرية.
3. اتفاقية 1969 بشأن التدخل في أعالي البحار في حالات الكوارث الناجِمة عن التلوُّث، لقد عالجتْ هذه الاتفاقية القواعد المنظِّمة للإجراءات الضرورية لحماية الشواطئ في حالة وقوع أضرار ناشئة عن كوارث نفطية في أعالي البحار.
4. اتفاقية بروكسيل 1970 بشأن صيد وحماية الطيور.
5. اتفاقية باريس 1972 المُبرَمة في إطار منظَّمة اليونسكو بشأن حماية التراث الطبيعي والثقافي.

---

(1) وردت هذه الاتفاقيات في موسوعة البيئة منشورة على الرابط http://www.bee2ah.com/، وقد تم إجراء بعض الزيادات على بعض الاتفاقيات

6. اتفاقية أسلو 1972 بشأن منع التلوث البَحري من خلال إلقاء النفايات من الطائرات والسفُن.
7. الإعلان العالمي للبيئة في ستوكهولم 1972، وهو اللبِنة الأولى في صرح القانون الدولي للبيئة. (1)
8. اتفاقيَّة واشنطن 1977 في إطار منظَّمة العمل الدولي بشأن حماية العمال من الأخطار الناجِمة في بيئة العمل عن تلوث الهواء وعن الضوضاء، وما شابَه ذلك.
9. الميثاق العالمي للطبيعة 1980.
10. اتفاقية الأمم المتَّحدة لقانون البحار 1982.
11. اتفاقية فيينا لحِماية طبقة الأوزون. (2)

(وقعت 22 مارس 1985) وبروتوكول مونتريال بشأن المواد المستنزفة لطبقة الأوزون لعام 1987 وتعديلاته (لندن 1990 – كوبنهاجن 1992 – فينا

---

(1) انظر الموقع على شبكة الإنترنت www. Cmes - mroc.com، مقالة: "القواعد الدولية لحماية البيئة" لحياة زلماط.

(2) اتفاقية فيينا لحماية طبقة الأوزون هو اتفاق بيئي متعدد الأطراف.اتفق عليها في مؤتمر فيينا لعام 1985 ودخلت حيز النفاذ في عام 1988.

وهي بمثابة إطار للجهود الدولية المبذولة لحماية طبقة الأوزون. ومع ذلك، فإنه لا تتضمن أهدافا ملزمة قانونيا للحد من استخدام مركبات الكربون الكلورية فلورية، والعوامل الكيميائية الرئيسية التي تسبب نضوب الأوزون .وضعت هذه في بروتوكول مونتريال المرافق له.(نقلا عن ويكبيديا)

1995 – مونتريال 1997 – بكين 1999) .

12. الاتفاقية الدولية المُبرَمة سنة 1986 بشأن المساعدة المتبادلة في حالة وقوع حادث نووي.
13. الإعلان الصادر عن قمَّة الأرض بريودي جانيرو 1992.
14. اتفاقية مكافَحة التصحُّر 1994.
15. بروتوكول طوكيو 16 مارس 1998 الذي يلزم الدول المتقدِّمة بالحد من الأنشطة الاقتصادية [1]
16. اتفاقية بازل [2]

اتفاقية بازل بشأن التحكم في نقل النفايات الخطرة عبر الحدود والتخلص منها، وعادة ما يعرف اختصارا باسم اتفاقية بازل، هي معاهدة دولية التي تم تصميمها للحد من تحركات النفايات الخطرة بين الدول، وعلى وجه التحديد لمنع نقل النفايات الخطرة من البلدان المتقدمة إلى البلدان الأقل نموا، ومعالجة حركة النفايات المشعة. وتهدف الاتفاقية أيضا لتقليل كمية وسمية النفايات المتولدة، لضمان الإدارة السليمة بيئيا قدر الإمكان، ومساعدة أقل البلدان نموا في الإدارة السليمة بيئيا للنفايات الخطرة والنفايات الأخرى التي تولدها.

(1) انظر الموقع على شبكة الإنترنت: www.cmes - maroc.com.
(2) نقلا عن وكيبديا https://ar.wikipedia.org/wiki/

ما هي أهم اتفاقيات البيئة على المستوى الإقليمي ؟

1. الاتفاقية الإفريقية لحِفظ الموارد الطبيعية 1968.
2. مبادئ سنتي 1974 بشأن حماية البيئة لبحر البلطيق.
3. اتفاقية جدَّة 1982 بشأن حماية البيئة البحرية للبحر الأحمر وخليج عدن [1]
4. الاتفاقية المعنية بالتنوع البيولوجي البحري والساحلي والتي اعتمدت في ريودى جانيرو 1992 وبروتوكول قرطاجنة بشأن السلامة الإحيائية والذي دخل حيز النفاذ في 11 سبتمبر 2003.
5. اتفاقية ستكهولم بشأن الملوثات العضوية الثابتة.
6. المعاهدة الدولية بشأن الموارد الوراثية النباتية للأغذية والزراعة.
7. اتفاقية روتردام بشأن إجراء الموافقة المسبقة عن علم لبعض المواد الكيميائية ومبيدات الآفات الخطرة المتداولة في التجارة الدولية .

---

(1) نفس الموقع السابق.

المبحث الثاني : المنظمات الدولية في مجال حماية البيئة

المطلب الأول : الصندوق الدولي للأحياء البرية (WWF))

World Wildlife Fund

أنشى في 11سبتمبر عـام1961 بسويسـرا وهـو منظمـة غيـر حكوميـة بهدف الحفاظ على عالم الحيوانات والنباتات والغابات والمناظر الطبيعية، والمياه والتربة والمـوارد الطبيعيـة الأخـرى عـن طريـق شـراء الأراضـي وإدارتهـا، وتنسـيق الجهـود والتعـاون مـع الأطـراف الأخـرى المهتمـة للصندوق أفرع في جميع أنحاء العالم .

إن حماية الحيـاة البريـة هـي حمايـة الأنـواع المهـددة بـالانقراض مـن النباتات والحيوانات بالإضافة إلى مواطنها .فمن بين أهداف حمايـة الحيـاة البرية هو ضمان أن تكون الطبيعـة موجودة للأجيـال القادمـة للاستمتاع بـ الحياة البرية والأراضي البرية وإدراك مدى أهميتها بالنسبة للبشر، وهنـاك العديد من الوكالات الحكومية المعنية بحمايـة الحيـاة البريـة، والتـي تسـاعد على تنفيـذ السياسـات الراميـة إلى حمايـة الحيـاة البريـة. كمـا تقوم العديد من المنظمات غير الربحية المستقلة بالترويج للقضايا المختلفة المتعلقة بحمايـة الحياة البرية، وقد أصبحت حماية الحياة البرية إحدى الممارسـات متزايدة الأهمية بسبب الآثار السلبية لـ تصرف الإنسان على الحيـاة البريـة .ويلعب علم المحافظة على الأحياء دورًا في حماية الحياة البرية.

وقد جعلت أخلاقيات حماية البيئة، بالإضافة إلى الضغط الذي يمارسه حماة البيئة، من هذه القضية قضية بيئية هامة. (1)

المطلب الثاني : برنامج الأمم المتحدة للبيئة

United Nations Environment Program (UNEP)

أنشئ اليونيب على أثر انعقاد مؤتمر الأمم المتحدة المعني بالبيئة في ستوكهولم في عام 1972. ورسالته هي أن يكون رائدا ومشجعا لقيام شراكات لرعاية البيئة على نحو يتيح للأمم والشعوب تحسين نوعية حياتها دون إضرار بنوعية حياة الأجيال المقبلة. وأولوياته الرئيسية تشمل: الرصد والتقييم والإنذار المبكر في مجال البيئة؛ وتشجيع الأنشطة البيئية على صعيد منظومة الأمم المتحدة بأسرها؛

زيادة الوعي العام بالقضايا البيئية، وتيسير تبادل المعلومات عن التكنولوجيات السليمة بيئيا، وتقديم المشورة التقنية والقانونية والمؤسسية للحكومات. (2)

---

(1) نقلا عن وكيبديا https://ar.wikipedia.org/wiki/

(2) برنامج الأمم المتحدة للبيئة UNEP)يونيب) هو جهة النشاط المعني بالبيئة والتابع لمنظمة الأمم المتحدة .أنشئ البرنامج وقت انعقاد مؤتمر الأمم المتحدة لبيئة الإنسان في مدينة ستوكهولم بالسويد في يونيو العام 1972، ويقع مقره في مدينة نيروبي في كينيا ولدى البرنامج ستة مكاتب إقليمية في مناطق مختلفة من العالم.وقد تأسس برنامج الأمم المتحدة للبيئة لتشجيع قيام شراكات لرعاية البيئة على نحو يتيح للأمم والشعوب تحسين نوعية حياتها دون الإضرار بنوعية حياة الأجيال المقبلة، كما يقيم الاحتفاليات الدولية والفعاليات مثل يوم البيئة العالمي في 5يونيو من كل عام.

المطلب الثالث : الاتحاد الدولي للمحافظة على الطبيعة والموارد الطبيعية
International Union for Conversion of Nature (IUCN)

الاتحاد العالمي للحفاظ على الطبيعة ومواردها(بالإنجليزية IUCN :)
اتحاد الحماية العالمي سابقاً) هي المنظمة البيئية الأولى في العالم تأسست
في الخامس من أكتوبر عام 1948. وتعتبر أكبر شركات العالم من حيث
معلومات البيئة ويقع مقرها في جنيف بسويسرا وتضم أكثر من مائتي
حكومة و ألف منظمة غير حكومية وحوالي عشرة الآف متطوع في مئة
وستين دولة حول العالم. يقوم عملها على البحث العلمي وتوحيد الجهود
لمكافحة التغيرات السلبية التي تطرأ على النظام البيئي عبر شبكة مدعمة
بـ ألف ومئة موظف وأثنين وستين مكتب يتم تمويلها عن طريق الحكومات
والشركات. المنظمة مراقب رسمي في الجمعية العامة للأمم المتحدة
ويصدر عن الاتحاد سنويا القائمة الحمراء للأنواع المهددة بالانقراض.

من أهدافها : التأثير على جميع المجتمعات الموجودة في جميع أنحاء
العالم. وتشجيع ومساعدة المجتمعات في جميع أنحاء العالم للحفاظ على
سلامة وتنوع الطبيعة والتأكد من أن أي استخدام للموارد الطبيعية هو
منصف ومستدام بيئيا . [1]

──────────────────

(1) المصدر : https://ar.wikipedia.org/wiki/

الفصل الثالث
قوانين حماية البيئة في الدول العربية

المبحث الأول : المفهوم القانوني للبيئة في القوانين العربية
المطلب الأول : تعريف البيئة في القوانين العربية

الباحث عن تعريف محدَّد للبيئة يُدرِك أن الفِكر القانوني يَعتمد بصفة أساسية علـى مـا يُقدِّمـه علمـاء البيولوجيـا والطبيعـة للبيئـة ومُكوِّناتهـا، وسيظهر هذا جليًّا مِن خلال بعض التعاريف القانونية المختلفة مـن دولـة إلى أخرى، والتي سنُقدِّمها كما يلي:

● **البيئة في النظام السعودي (1)**

البيئـة هـي : كـل مـا يحيـط بالإنسـان مـن مـاء وهـواء ويابسـة وفضـاء خارجي، وكل ما تحتويه هذه الأوساط مـن جمـاد ونبـات وحيـوان وأشكال مختلفة من طاقة ونظم وعمليات طبيعية وأنشطة بشرية.

● **البيئة في القانون المصري (2)**

البيئة هي: "المحيط الحيوي الذي يشمَل الكائنات الحيَّة، وما يَحتويه من مواد، وما يُحيط به من هواء وماء، وما يُقيمه الإنسان من مُنشآت."

---

(1) النظام العام للبيئة الصادر بالمرسوم الملكي رقم م/34 في 1422/7/28هـ المبني علـى قـرار مجلس الوزراء رقم : (193) وتاريخ : 1422/7/7هـ
(2) قانون البيئة المصري رقم 9 لسنه 2009 ميلادي

- **البيئة في القانون المغربي (1)**

البيئـة هـي: "مجموعـة العناصـر الطبيعيـة والمنشـآت البشـرية، وكـذا العوامـل الاقتصـادية والاجتماعيـة التـي تُمكِّـن مـن وجود الكائنـات الحيـة والأنشطة الإنسانية، وتُساعد على تطورها."

- **البيئة في القانون الليبي (2)**

البيئـة هـي: "المُحيط الـذي يعيش فيـه الإنسـان وجميـع الكائنـات الحيَّـة، ويَشمل الهواء والماء والتُّربة والغِذاء."

- **البيئة في القانون الكويتي(3)**

البيئة هي : "المُحيط الحيوي الـذي يشمل الكائنـات الحيـة مِـن إنسانٍ وحيوان ونبات، وكل ما يُحيط به من هواء وتربة، وما يَحتويهما من مـواد صـلبة أو سـائلة أو غازيـة، أو إشـعاعات، إضـافة إلـى المنشـآت الثابتـة والمتحرِّكة التي يُقيمها الإنسان".

---

(1) قانون البيئة- قانون رقم 11.03 لسنة 2003
(2) قانون رقم 15لسنة 1371ه
(3) قانون حماية البيئة رقم 42 لسنة 2014 والمعدل أحكامه بالقانون رقم 99 لسنة 2015

المطلب الثاني : البيئة في القوانين العربية

الفرع الأول : أنظمة حماية البيئة في المملكة العربية السعودية

صدرت في المملكة العربية السعودية العديد من الأنظمة التي تنظم مسائل البيئة وما يتعلق بها وعلى النحو التالي :

• نظام المناطق المحمية للحياة الفطرية (1)

أهم مواد النظام: يتضمن النظام: هدف إنشاء المناطق المحمية هو حماية الحياة الفطرية. بيان إجراءات قيام المناطق المحمية. كيفية حراسة المناطق المحمية وتنظيم دخولها من قبل المواطنين. تحديد عقوبات مخالفة النظام وكيفية تطبيقها.لرئيس الهيئة الموافقة على تسليح من يتطلب عمله ذلك من قوة الحماية.

• نظام صيد الحيوانات والطيور البرية (2)

أهم مواد النظام: يتضمن النظام: حظر الصيد دون ترخيص من الهيئة السعودية للحياة الفطرية، وبيان الأحكام المتعلقة بترخيص الصيد مثل منع الصيد داخل حدود المناطق المحمية وداخل المدن والقرى ومنع صيد أنواع معينة من الحيوانات والسماح بصيد نوع أو أنواع معينة في أوقات محددة.

---

(1) رقم المرسوم الملكي: م/66تاريخ صدور المرسوم: 1415/10/19هـ
(2) – تاريخ صدور المرسوم: 1420/4/16هـ

وتوضيح صلاحيات الهيئة. تحديد عقوبات مخالفة النظام وجهة النظر فيها والتظلم منها. وقد أناط هذا النظام ضبط المخالفات بوزارة الداخلية، وقد صدرت اللائحة التنفيذية للنظام بقرار مجلس إدارة الهيئة رقم 18/136 وتاريخ 1423/5/3هـ.

• **نظام الهيئة الوطنية لحماية الحياة الفطرية (1)**

تضمن هذا النظام:إنشاء الهيئة السعودية للحياة الفطرية.بيان غرضها الرئيسي واختصاصاتها، وتحديد اللوائح المنظمة لشئونها الفنية والإدارية وموظفيها. توضيح مواردها المالية. ما صدر بشأن الهيئة بعد إنشائها وحتى الآن.

• **التعليمات العامة لإدارة النفايات المشعة في المملكة العربية السعودية(2)**

تهدف هذه التعليمات إلى حماية البشر والبيئة من أخطار التعرض للإشعاعات المؤينة الناتج عن النفايات المشعة، وذلك من خلال تحديد المتطلبات الأساسية والضوابط التي تحكم الممارسات والأعمال المرتبطة

---

(1) هو مسمى الهيئة القديم؛ علما بأن مسماها الجديد هو: الهيئة السعودية للحياة الفطرية. رقم المرسوم الملكي: م/22تاريخ صدور المرسوم: 1406/9/12هـ

(2) – الأسس التنظيمية العامة لإدارة النفايات المشعة منشورة على الرابط :
http://kbase.momra.gov.sa/listoffiles.aspx?ID=16

بإدارة النفايات المشعة، وتحديد مسؤوليات جميع الأطراف المساهمة في هذه الإدارة. كما تهدف إلى حماية الأجيال التالية من مخاطر هذه النفايات.

• نظام معالجة مياه الصرف الصحي (1)

يهدف هذا النظام إلى التوصل إلى مستويات مقبولة للتخلص من مختلف أنواع مياه الصرف الصحي في شبكة الصرف الصحي العامة، إضافة إلى تحقيق مستويات آمنة لإعادة استخدام مياه الصرف الصحي المعالجة في مجالات الري الزراعي، وري الحدائق العامة، والأماكن الترويجية، وتغذية المياه الجوفية مستقبلاً، وفي التبريد، والأغراض الصناعية، وأية استخدامات أخرى، وذلك لتأمين درجة كافية من حماية الصحة من الآثار الضارة الناجمة عن التلوث وانتقال الأمراض، من خلال التحكم في نوعية مياه الصرف الصحي المعالجة، وتنظيم مراقبة محطات معالجة مياه الصرف الصحي. إضافة على ضمان الاستفادة القصوى من المياه المعالجة باعتبارها أحد المصادر غير التقليدية للمياه بما يتفق مع المعايير القياسية الموضحة في هذا النظام ولوائحه التنفيذية.

الفرع الثاني : قوانين حماية البيئة في دول مجلس التعاون الخليجي
- النظام العام للبيئة الصادر بالمرسوم الملكي رقم م/3.
- النظام العام للبيئة الصادر بالمرسوم الملكي رقم م/34 .

---

(1) نظام مياه الصرف الصحي المعالجة وإعادة استخدامها الصادر بقرار مجلس الوزراء السعودي الموقر رقم (42) في 1421/2/11هـ

- نظام التقويم البيئي لمجلس التعاون لـدول الخليج العربية الصـادر بالمرسوم الملكي 3 / م في 4/ 2 / 1421 هـ المبنـي علـى قرار مجلس الوزراء رقم(23) وتاريخ 26 / 1 / 1421

الفرع الثالث : قوانين حماية البيئة في دولة الإمارات العربية المتحدة

وضـعت دولـة الإمـارات إطـاراً قانونياً متينـاً موضـع التنفيـذ مـن أجل المحافظة على ثرواتها البيئية الثمينة والحسّاسة وحمايتها من الآثار السلبية الناجمة عن الممارسات البشرية الخاطئة وتدهور النظـام البيئي السـريع. كما وقّعت الدولة على عدد من الاتفاقيـات المتعلقـة بحمايـة البيئـة والتنوع البيولوجي والنظم البيئية البحرية والساحلية إلى جانـب إصدار العديد مـن القوانين الاتحادية والمراسيم الرئاسية والأوامر المحلية منذ نشأتها في عـام 1971.

ويعتبر قانون حمايـة البيئـة والتنميـة (القـانون الاتحادي رقم 24 لسنة 1999) الـذي أصـدره المغفـور لـه بـإذن الله الشـيخ زايـد بـن سـلطان آل نهيان، طيب الله ثراه، من أبرز القوانين التي صدرت في الدولة في مجـال حماية البيئة وقد بدأ العمل به في فبراير عام 2000.

ويهدف هذا القانون إلى حماية البيئة ونوعيتها ومكافحة التلوث بمختلف أشكاله وصوره وتجنب الأضرار السلبية الفورية أو الطويلة الأجل النـاتجـة عن البرامج والخطط الاقتصادية أو الزراعيـة أو الصناعية أو العمرانيـة. كمـا يسـعى القـانون إلى تنميـة المـوارد الطبيعيـة والحفـاظ علـى التنـوع البيولوجي واستغلاله

الأمثل في جميع أنحـاء الدولـة لمصـلحة الأجيـال الحاضـرة والمسـتقبلية وحمايـة المجتمـع وصـحة الإنسـان والكائنـات الحيـة الأخرى مـن جميـع الأنشطة المضرة بيئياً. (1)

الفرع الرابع:قوانين حماية البيئة في المملكة الأردنية الهاشمية (2)

أقر في عام 2006 قانون حماية البيئة الأردني رقم (52)، وقد تضـمن قـانون حمايـة البيئـة الأردنيـة بنداً ينـص علـى نشـر التوعيـة البيئيـة فـي المجتمع, باعتبارها الخطوة الأولى في تفعيل القوانين البيئية على المسـتوى الوطني كما نصت الفقرة (ح) من المادة الرابعة من القانون علـى "تنسـيق الجهود الوطنية الهادفة لحماية البيئة بما في ذلك وضع إستراتجية وطنيـة للوعي والتعليم والاتصال البيئي ونقل واستخدام وتوفير المعلومـات البيئيـة واتخاذ الإجراءات اللازمة لهذه الغاية".

الفرع الخامس : قوانين حماية البيئة في جمهورية مصر العربية

لقد صدرت قوانين متعددة في جمهورية مصر العربيـة تستهدف حمايـة بعض عناصر البيئة، ومن ذلك قانون منع تلوث ميـاه البحـار بالزيت رقم 27 لسنة 1968، وقـانون حمايـة نهـر النيل رقم 48 لسنة 1982 كمـا صدر قانون أكثر شمولا لحماية البيئة هو القانون رقم 4 لسنة 1994 الذي ألغى قانون منع تلوث

---

(1) المصدر : حكومة أبو ظبي الإلكترونية
https://www.abudhabi.ae/portal/public/ar/citizens/safety
(2) تطبيق القوانين والتشريعات البيئية : إدارة الشرطة البيئية خطوة على الطريق إعداد: الرائد الدكتور المهندس جراح الزعبي

مياه البحر بالزيت لتحل بعض أحكامه محله وأبقى على قانون حماية نهر النيل كما لم يمس من الأحكام البيئة الواردة في القوانين الخاصة إلا ما يخالف أحكامه ثم صدر أخيرا قانون البيئة المصري الجديد رقم 9 لسنه 2009 ميلادي. (1)

الفرع السادس : قوانين حماية البيئة في المملكة المغربية

- الصيغة التعديلية لمقترح القانون المتعلق بحماية واستصلاح البيئة المصادق عليها من طرف لجنة الداخلية واللامركزية والبنيات الأساسية لمجلس النواب .
- الصيغة التعديلية لمقترح القانون المتعلق بمكافحة تلوث الهواء المصادق عليها من طرف لجنة الداخلية واللامركزية والبنيات الأساسية لمجلس النواب .
- الصيغة التعديلية لمقترح القانون المتعلق بدراسات التأثير على البيئة المصادق عليها من طرف لجنة الداخلية واللامركزية والبنيات الأساسية لمجلس النواب .

---

(1) للمزيد حول هذا القانون انظر موقع الاتحاد العربي للتنمية المستدامة والبيئة http://www.ausde.org/قوانين-البيئة-العربية/قانون-البيئة-المصري

الفرع السابع : قوانين حماية البيئة في دولة قطر

انطلاقا من اهتمام دولة قطر بقضايا البيئة منذ عقد ونيف من الـزمن شـكلت اللجنـة الدائمـة وأمانتهـا العامـة بموجب القـانون رقـم (4) لسـنة 1981م المعدل بالقانون رقم (9) لسنة 1983م وذلك بهدف التصدي للمشاكل البيئية التي بدأت تظهر على السطح آنذاك، وبتوالي السنين والنقص الشديد في القدرات العلمية والفنية والتكنولوجية البيئية وتفاقم التدهور البيئي والحاجة الماسة إلي إصلاح وتحسين الإجراءات المؤسسية ووضع أسس رصينة لتطوير إستراتيجيات وخطط للحفاظ على البيئة فقد تـم تعديل بعض أحكـام القانون المـذكور بالقـانون (13) لسـنة 1994م الخاص بتعديل بعض أحكام القانون رقم (4) لسنة 1981م بإنشاء اللجنـة الدائمة لحمايـة البيئـة والـذي نصت المـادة (7) منه على أن تتـولى إدارة البيئة في وزارة الشؤون البلدية والزراعة وفي عام 1995م إصدار قانون رقم(37) لسنة 1995 إنشاء إدارة متخصصة تتبع وزارة الشؤون البلديـة والزراعة لتتولى شؤون التنسيق والمتابعة والدراسة لكافة الأمور المتعلقـة بالبيئة وحمايتها وذلك تحت أسم إدارة البيئة. (1)

وفي ما يلي جملة من القوانين التي صدرت بخصـوص البيئـة في دولـة قطر :

---

(1) للمزيد حول واقع البيئـة في دولـة قطر انظـر موقع الثغب المتخصص في الشـؤون البيئيـة القطرية

http://althaghab.net/index.php/item/74

- مرسوم رقم (47) لسنة 1996م بالموافقة على الانضمام إلى اتفاقية الأمم المتحدة الإطارية بشأن تغير المناخ .

- مرسوم رقم (15) لسنة 1996م بالموافقة على انضمام دولة قطر إلى اتفاقية بازل الدولية للتحكم في نقل النفايات الخطرة والتخلص منها عبر الحدود .

- قانون رقم (32) لسنة 1995م بشأن منع الإضرار بالبيئة النباتية ومكوناتها .

- مرسوم رقم (55)لسنة 1992 بالتصديق على بروتوكول حماية البيئة البحرية من التلوث الناتج من مصادر في البر .

- مرسوم رقم (36)لسنة 1989 بالتصديق على البروتوكول الخاص بالتلوث البحري الناجم عن استكشاف واستغلال الجرف القاري .

- قرار وزاري رقم (8) لسنة 1989 م بشأن مواصفات أكياس جمع القمامة المنزلية

- قرار رقم (2) لسنة 1989 م بشأن نقل الفضلات والمخلفات والقمامة السائلة .

- مرسوم رقم (53) لسنة 1988 بالموافقة على انضمام دولة قطر إلى الميثاق الدولي بشأن المسئولية المدنية عن أضرار التلوث بالنفط .

- قرار رقم (5) لسنة 1981م باللائحة التنظيمية والتنفيذية للقانون رقم (8) لسنة 1974 بشأن النظافة العامة .

- مرسوم رقم (55) لسنة 1978 بالتصديق على اتفاقية الكويت الإقليمية للتعاون في حماية البيئة البحرية من التلوث والبروتوكول الخاص بالتعاون الإقليمي في مكافحة التلوث بالزيت والمواد الضارة الأخرى في الحالات الطارئة .

- قانون رقم (8) لسنة 1974م بشأن النظافة العامة .

- مرسوم رقم (131) لسنة 1973 بالموافقة على انضمام دولة قطر إلى الإتفاقية الخاصة بالمسئولية الدولية عن الأضرار التي تحدثها الأجسام الفضائية .

- مرسوم بقانون رقم (10) لسنة 1968 بشأن المبيدات .

الفرع الثامن : قوانين حماية البيئة في فلسطين

في فلسطين يوجد قانون واحد يتعلق بالبيئة هو القانون رقم 7 لسنة 1999 بشأن البيئة.

الفرع التاسع : قوانين حماية البيئة في سوريا

- قانون الدخان الصادر عن السيارات العاملة على المازوت .

- قانون إزالة الأضرار الصحية .

الفرع العاشر :قوانين حماية البيئة في لبنان

- قانون حماية البيئة رقم 444.

الفرع الحادي عشر : قوانين حماية البيئة في الجمهورية اليمنية

- قانون رقم (44) لسنة 1999م بشأن المواصفات والمقاييس وضبط الجودة .

- قانون رقم (26) لسنة 1995م بشأن حماية البيئة

- قرار جمهوري رقم (52) لسنة 2000م بشأن إنشاء الهيئة اليمنية للمواصفات والمقاييس وضبط الجودة.

الباب الثاني
البيئة في النظام السعودي

الأهداف العلمية المتوخاة من الباب الثاني

يفترض بالطالب بعد الانتهاء من دراسته للباب الأول أن يكون ملما بصورة أساسية بالمفاهيم والمصطلحات والأفكار التالية :

1. الجهود السعودية في مجال حماية البيئة الوطنية
2. مشروع التوعية البيئية السعودي
3. دور المملكة العربية السعودية في حل المشكلات البيئية على الصعيد الدولي
4. دور المملكة العربية السعودية في الحفاظ على طبقة الأوزون
5. مؤسسات البيئة في المملكة العربية السعودية
6. مؤسسات سعودية تهتم بالبيئة " شركة أرامكو السعودية "
7. جائزة المملكة العربية السعودية للإدارة البيئية

تمهيد

نظام البيئـة في المملكـة العربيـة السـعودية يعـد من الأنظمـة القانونيـة الحديثة نسبيا على مستوى القوانين العربية والأجنبيـة في نفس المجـال، وقد نـص النظـام الأسـاسي للحكم وفقـاً للمـادة (32) علـى التـزام الدولـة السعودية بالمحافظة على البيئة وحمايتها.

وشـجعت قيام مؤسسـات محليـة وطنيـة قامـت بأخـذ زمـام المبـادرة، وطرحت خطط وطنية ساهمت في الدفاع عن البيئة .

ونتيجة تزايد الاهتمام بموضوع البيئـة عالميـاً التزمت المملكـة العربيـة السعودية بالدخول في اتفاقيات عربية وأجنبية تهتم بالبيئة، ولعـل أهـم هـذه الاتفاقيات اتفاقية حماية طبقة الأوزون .

سيتضمن هذا الباب تقديم حـال البيئـة في المملكـة العربيـة السـعودية، وشرح لعمل بعض مؤسسات البيئة الموجودة والعـاملة في المملكة العربيـة السعودية.

الفصل الأول
دور المملكة العربية السعودية في حماية البيئة

المبحث الأول: الجهود السعودية في مجال حماية البيئة الوطنية[1]

المطلب الأول : مشروع التوعية البيئية السعودي

ارتبط موضوع البيئة في المملكـة العربيـة السـعودية، وحمايتهـا ضـمن قواعد النظام الأساسي للحكم وفقاً للمـادة (32) مـن النظـام الأساسـي التـي تنصُّ على التزام الدولة بالمحافظة على البيئة وحمايتها.

وقد أنشأت المملكة العربية السعودية المديريـة العامـة للأرصـاد الجويـة عام 1370- 1950 ليعاد بعد ذلك هيكلتها عام 1981 – 1401 لتصبح مصلحة الأرصاد وحماية البيئة.

يهدف «مشروع التوعيـة البيئيـة السـعودي» في مجملـه الـذي تشـرف عليه مصلحة الأرصاد وحماية البيئة إلى تنمية ثقافة المجتمـع السـعودي البيئية وزيادة معارفه عن البيئة الطبيعيـة، وتبصيره بكيفية التعامـل معهـا والمحافظة عليها.

---

(1) إعـداد - مركـز المعلومـات للرئاسـة العامـة للأرصـاد وحمايـة البيئـة منشـور علـى http://www.pme.gov.sa/brief.asp (بتصرف يسير)

المطلب الثاني : الهيئة الوطنية السعودية لحماية الحياة الفطرية وإنمائها[1]

استعانت المملكة العربية السعودية في إجراء الدراسات والمسوحات الأحيائية والاجتماعية اللازمة لإعداد منظومة المناطق المحمية بخبرة الاتحاد العالمي لصون الطبيعة، وقد قام خبراء من الاتحاد عام 1991 بإعداد وثيقة منظومة وطنية للمحافظة على الحياة الفطرية والتنمية الريفية المستدامة في المملكة العربية السعودية التي تم على أساسها إقامة الشبكة المعلنة من المناطق المحمية حتى الآن في السعودية، وتتضمن المنظومة اقتراح حماية 75 منطقة منها 62 منطقة برية، 13 منطقة بحرية، وتم الاتفاق على أن تدير الهيئة 35 محمية : 15 محمية قائمة، 20 مقترحة، على أن تدار 40 منطقة قائمة ومقترحة من قبل جهات أخرى منها المتنزهات الوطنية التابعة لوزارة الزراعة السعودية في الرياض وعسير والطائف وغيرها، والمناطق التابعة لوزارة الشؤون البلدية والقروية السعودية والهيئة الملكية للجبيل وينبع وغيرها، وتقدر المساحة الإجمالية للمنظومة بنحو 10% من مساحة المملكة العربية السعودية .

تشمل المناطق المحمية القائمة 16 منطقة محمية : 13 محمية برية وثلاث بحرية بهدف حماية مجموعة من النظم البيئية الطبيعية المتكاملة وهي : محمية حرة الحرة, ومحمية الخنفة، ومحمية الطبيق، ومحمية الوعول، ومحمية محازة

––––––––––––––––––––

(1) اعتمدت المعلومات المنقولة في هذا المطلب في جانب منها على إصدارات الهيئة الوطنية السعودية لحماية الحياة الفطرية، وما توافر من معلومات على الشبكة العنكبوتية .

الصيد، ومحمية جرف ريدة، ومحمية جزر فرسان، ومحمية عروق بني معارض، ومحمية جبل شدا الأعلى، ومحمية جزيرة أم القماري، ومحمية مجامع الهضب، ومحمية الجبيل للأحياء البحرية، إلى جانب أربعة مناطق تعد ملاذات لإعادة تأهيل الحبارى هي: محمية التيسية، ومحمية الجندلية، ومحمية نفود العريق، ومحمية سجا وأم الرمث، وقد أنشأت الهيئة الوطنية لحماية الحياة الفطرية وإنمائها ستة عشر منطقة محمية منتشرة في مختلف أنحاء المملكة منها البرية والبحرية، كما أنشأت الهيئة ثلاثة مراكز للأبحاث المختصة هي :

- **مركز الملك خالد** لأبحاث **الحياة الفطرية** (1)

يقع المركز في الثمامة التابعة لمنطقة الرياض على بعد 70 كم شمال الرياض، أنشئ المركز عام 1407هـ الموافق 1987لإدارة وإنماء مجموعة الحيوانات الخاصة التي بدأها خالد بن عبد العزيز في مزرعته بالثمامة، والتي ضمت وقتها أكثر من 600 حيوان تنتمي إلى 20 نوع مختلف من بينها أنواع عربية تراثية أهمها المها العربي وظباء الإدمي والريم.

- المركز **الوطني لأبحاث الحياة الفطرية بالطائف** (2)

تأسس المركز في شهر أبريل من عام 1986في الطائف بعد 30 كيلومتر شرق مدينة الطائف، تقدر مساحة المركز بنحو 35 كيلومتر مربع، وجميع المساحة

---

(1) لمزيد انظر هذا الرابط http://ar.unionpedia.org/i
(2) لمزيد انظر هذا الرابط http://ar.unionpedia.org/i

مسيجة كمحمية طبيعية شبه صحراوية تسودها أشجار الطلح والأعشاب البرية، تجري فيه العناية بالحبارى والمها العربي في المركز كأهم الحيوانات الفطرية المهددة بالانقراض ورعايتها وإكثارها في مسيجات تتراوح مساحاتها بين نصف هكتار ومائة هكتار

● **مركز الأمير محمد السديري (1)**

يقع هذا المركز في منطقة الخفيات بالقصيم، تقوم الهيئة من خلال مركز الملك خالد لأبحاث الحياة الفطرية بالمحافظة على قطيع ظباء الريم ورعايته وإعادة توطينها في المناطق المحمية الملائمة.

تعمل هذه المراكز البيئية على دراسة وإكثار الأنواع المنقرضة والمهددة بالانقراض وإعادة تأهيلها ومن ثم إطلاقها في المناطق المحمية.

وقد أعدت الهيئة الوطنية لحماية الحياة الفطرية وإنمائها الإستراتيجية اللازمة للحفاظ على التنوع الإحيائي وإستراتيجية المحافظة على الأراضي الرطبة.

كما تم إنشاء مركز الزوار للتوعية البيئية ومركز التدريب للمحافظة على الموارد الطبيعية، كما يتم حاليا إنشاء مركز للدراسات النباتية.

لتشجيع الأبحاث البيئية المختلفة والتي تعالج المشكلات البيئية في المملكة ودعمها مادياً عن طريق مدينة الملك عبد العزيز للعلوم والتقنية. (2)

---

(1) للمزيد انظر هذا الرابط http://ar.unionpedia.org/i
(2) لقد قمنا بتخصيص ملحق كامل في نهاية هذا الكتاب يبين مجموعة كبيرة من المحميات الطبيعية الموجودة في المملكة العربية السعودية

المبحث الثاني : دور المملكة العربية السعودية في حل المشكلات البيئية على الصعيد الدولي (1)

نظراً لكــون حمايـة البيئـة، والحيـاة الفطريـة أصـبحت ضـرورة مـن ضروريات الحياة فإن هناك ضرورة ملحة للتعاون بين دول المنطقـة في سبيل تحقيق السلامة البيئية لشعوبها.

المطلب الأول : أولويات التنمية السعودية في مجال التنمية

أعدت حكومة المملكـة العربيـة السعودية وثيقـة مهمـة لبرنـامج عمل القرن الحادي والعشرين والتي حددت أولويات التنمية السعودية في إطـار مفاهيم التنمية المستدامة، وعناصر هذه الوثيقة تتألف من ما يلي :

1. مواصلة العمل لاستكمال إعداد النظام البيئي الوطني العام والـذي سيشــمل مجموعـة متكاملـة مـن المقاييس والمعـايير البيئيـة، وإعداد وثيقة الإستراتيجية الوطنية للصحة والبيئة في إطار نشاط إقليمي.

2. تزايد الاهتمــام بموضــوع البيئـة عالميـاً, مبعث للارتيـاح و الأمـل بوضع نهاية للتدهور البيئي، وتعدي الإنسان على مكوناتها .

3. الموارد الطبيعية في حالة استنزاف و تـدهور يجب المسـارعة في وضع حل عاجل يكفل للأجيال القادمة حقوقها في الاستفادة منها .

(1) انظر بحث عن دور المملكة في الحفاظ على البيئة، للباحث فيصل عبد القادر عبد الوهاب – جامعة أم القرى – التعليم الإلكتروني -

المطلب الثاني : دور المملكة العربية السعودية في حل المشكلات البيئية

ارتفعت في السنوات الأخيرة معدلات التلوث بالمواد الكيميائية المختلفة في معظم دول العالم لأسباب عديدة مما جعل المملكة العربية السعودية تأخذ على عاتقها :

أ -زيـادة الـوعـي البيئـي بـين الأفـراد عـن مخـاطر استخدام المبيدات الزراعية ضد الآفات الزراعية وضرورة التقليل مـن استخدامها مـن خــلال اسـتخدام البـدائل الآمنــة مثـل الأعـداء الطبيعيـة والأصنـاف المقاومة والمكافحة المتكاملة .

ب- إنشاء مراكز محلية لمراقبة للأغذية الزراعية و المصنعة بإشراف كفاءات مخبريه وإشرافية لتحليل عينـات المبيدات الزراعيـة وكذلك تحليل تركيز المبيدات في المنتجات الزراعية سواء كانت المستوردة أو المنتجـة محليـاً، وذلـك لمعرفـة كفاءتهـا ومطابقتهـا للمواصفـات القياسية المرغوبة ومعرفة أثرها السام على البيئة .

ج- تعاون الجهات الرسمية الزراعيـة في صياغة آليـات جديدة للـدعم والقروض الميسرة في الإنتاج الزراعي والحيـواني تكـون مشروطة بمواصفات الحماية البيئية .

د- عدم السماح بردم النفايـات الكيماويـة والمبيدات القديمـة أو التي تـم الاستغناء عنها في الأرض الزراعيـة أو بـالقرب مـن مصـادر المياه المستعملة

للري أو للشرب تلافياً لحدوث كارثة بيئية كبيرة حيث أصـحبت مـن أهم المشاكل البيئية في الوقت الحاضر للعديد من الدول ويجب العمل وفـق مقترحـات وتعليمـات منظمـة الأغذيـة والزراعـة التابعـة للأمـم المتحدة لحل هذه المشكلة .

ح - حصر المواد الخطرة بيئياً و تحديد الأسلوب الأنسب للتعامل معهـا و التخلص منها بشكل سليم.

ط – تجفيف منـابع الخطـر الكيميـائي علـى البيئـة بتقليل استخدام تلك المواد و اختيار البديل الأقل خطراً و الأسلوب الأمثل للتعامل معهـا .

المطلب الثالث : دور المملكة العربية السعودية في الحفاظ على طبقة الأوزون

الفرع الأول : طبقة الأوزون

هـي جزء مـن الغـلاف الجـوي لكوكب الأرض والـذي يحتوي بشكل مكثف غاز الأوزون. وهي متمركزة بشكل كبير في الجزء السفلي مـن طبقـة السـتراتوسـفير من الغـلاف الجـوي لـلأرض وهـي ذات لـون أزرق.يتحـول فيهـا جزء من غـاز الأوكسـجين إلى غاز الأوزون بفعل الأشعة فوق البنفسجية القوية التي تصدرها الشمس وتـؤثر فـي هـذا الجـزء من الغلاف الجوي نظرا لعدم وجود طبقات سميكة من الهواء فوقه لوقايته. ولهذه الطبقة أهمية حيوية بالنسبة لنـا فهي تحـول دون وصـول الموجـات فوق البنفسجية القصيرة بتركيز كبير إلى سطح الأرض.

اكتشف كل من شارل فابري وهنري بويسون طبقـة الأوزون في 1913 وتم معرفة التفاصيل عنها من خلال غـوردون دوبسون الـذي قـام بتطـوير جهاز لقياس الأوزون الموجود في طبقة الستراتوسفير من سطح الأرض.

بـين سـنة 1928و1958 قـام دوبسـون بعمـل شـبكة عالميـة لمراقبـة الأوزون والتي ما زالت تعمل حتى وقتنا هذا. وحدة قياس دوبسون, هي وحدة لقياس مجموع الأوزون في العامود، تم تسميتها تكريماً له. (1)

من أهم وظائف طبقة الأوزون هي حماية سطح الأرض مـن الأشـعة الضارة للشمس من أن تصل لسطحها الأشعة فوق البنفسجية، التي تسبب أضراراً بالغة للإنسان وخاصة سرطانات الجلد، وأيضاً للحيوان والنبات على حد سواء. كما أن وجوده في الهواء بتركيز كبير يسبب الأعراض التالية: ضيق في التنفس، حـالات مـن الإرهـاق والصـداع .. وغيرهـا مـن الاضطرابات التي تعكس مدى تأثر الجهاز العصبي والتنفسي. (2)

ما هي الأضرار الناتجة عن تآكل طبقة الأوزون؟

استنزاف طبقة الأوزون وزيادة الأشعة فوق البنفسجية يؤديان إلـى تكون السحابة السوداء "الضباب الدخاني" الذي يبقى معلقاً في الجو لأيام، وينجم

(1) https://ar.wikipedia.org/wiki/

(2) دور المملكة في الحفاظ على البيئة (مرجع سابق)

عنه نسبة في الوفيات عالية لما يحدثه هذا من قصور في وظـائف التنفس والاختناق.

تآكل طبقة الأوزون واختـراق الأشـعة البنفسجية بكميـات متزايـدة إلى سطح الأرض يضعف من كفاءة جهاز المناعة عند الإنسـان ويجعلـه أكثر عرضـة للإصـابة بالفيروسـات مثل الجرب، أو الإصـابة بالبكتريـا مثـل مرض الدرن وغيره من الأمراض الأخرى.

مع زيادة التآكل في طبقـة الأوزون، يلحق بـالعين أضـراراً كبيرة مثل الإصابة بالمياه البيضاء، أو المياه الزرقاء.

إصابة الإنسان بالأورام الجلدية التي من المتوقع أن تصل الإصابة بها على مستوى العالم إلى ما يُقدر بـ (300) ألف حالة سنوياً من السرطانات الجلدية.

تأثر الحياة النباتية والزراعية، حيث أنه هناك بعض النباتـات التي لهـا حساسية كبيرة من الأشعة فوق البنفسجية التي تـؤثر علـى إنتاجهـا وتضر بمحتواها المعدني وقيمها الغذائية وبالتالي ينتج محصول زراعي ضعيف.

الفرع الثاني : المنهج البيئي السعودي في المحافظة على طبقة الأوزون

تنطلق أسس المنهج البيئي والتنموي في المملكة، وتقوم سياستها في هذا المجال على تعاليم الدين الإسلامي ومبادئ شريعته السمحاء والتي جعلت من عمارة الأرض الوظيفـة الرئيسية للإنسـان الـذي كرمـه الله باستخلافه فيها. ومن ثم كـان التأكيد علـى الاستفادة مـن المـوارد الطبيعيـة والبيئيـة للمملكة واستخدامها

بغـرض تحقيـق احتياجاتنـا الحاليـة دون التـأثير علـى قـدرة ومقـدرات الأجيــال القادمــة وحقوقهــا فــي الوفــاء باحتياجاتهـا مـن هـذه المـوارد . وقد ظهر الاهتمام بالموارد البيئية وربط التنميـة بالبيئة فـي خطط التنميـة السعودية ونظام الحكم الأساسي(1) .

المطلب الثالث : الإستراتيجية الوطنية للبيئة في المملكة العربية السعودية في المحافظة على طبقة الأوزون(2)

تهدف الإستراتيجيـة الوطنيـة للبيئة فـي المملكـة العربيـة السـعودية فـي المحافظة على طبقة الأوزون إلى تحقيق الأهداف التالية :

———————————————

(1) مرت عملية إدماج البيئة والتنمية في المملكة العربية السعودية بثلاث مراحل بدأت المرحلـة الأولى منها حين كان التعامل مع الموارد البيئية يتم من خـلال الـوزارات القطاعيـة فـي إطـار تحقيق الأهداف الإنتاجية والخدمية لهذه الوزارات أمـا المرحلـة الثانيـة فبدأت بإنشـاء مصلحة الأرصاد وحماية البيئة عام 1401هـ (1981م) كجهاز وطني للبيئة متضمناً ذلك أمور المناخ والطقس والأرصاد الجوية باعتبار أن الغلاف الجوى أحد عناصر البيئة الأساسية ولقد صاحب إنشاء هذه المصلحة تأسيس لجنة تنسيق حماية البيئة المشكلة من وكلاء الوزارات ذات العلاقة . وبدأت المرحلة الثالثة عام 1410هـ (1990م) حيث تم إنشاء اللجنة الوزارية للبيئة لتضم أثنى عشر وزيراً يرأسهم صاحب السمو الملكي النائب الثاني لرئيس مجلس الـوزراء، وتتولى مصلحة الأرصاد وحماية البيئة مسؤولية الأمانة العامة للجنة الوزارية للبيئة

(2) دور المملكة في الحفاظ على البيئة (مرجع سابق)

1. دعـم الاهتمـام بالجانـب النـوعي فـي التنميـة والحفـاظ علـى طبقـة الأوزون ودعـم القـدرة الاستيعابية وحمايتها مـن التلـوث والهـدر والاستنزاف والتدهور البيئي.

2. دعم البحوث التي تهتم بدراسة البيئة و الحفاظ على طبقة الأوزون .

3. دعـم الجهـود لتفعيل التعـاون علـى المستويات المحليـة والإقليميـة والدوليـة للتصـدي لمشـاكل التلـوث وتـأثيره علـى طبقـة الأوزون وخاصة من جهة الدول الصناعية الكبرى .

4. تطـوير الإدارة والأجهـزة والأنظمـة والمؤسسـات البيئيـة وتوسـيع صلاحيات الجهات المسئولة عن البيئة فـي المملكـة بمـا يمكنهـا مـن أداء مهامهـا ومسؤولياتها فـي ضـوء الحاجـة والمستجدات. ورفـع مسـتوى المهـارات للعـاملين فـي حمايـة البيئة وتعزيـز التعـاون مـع المؤسسات الدولية والإقليمية المتخصصة لتنميـة قدرات هذه القـوى العاملة.

5. التخلص من النفايات الصناعية الخطرة بالطرق الحديثة.

6. التعاون مع الدول الصناعية الكبرى في إيجاد الحلول المناسبة.

7. عقد المؤتمرات و الندوات الإقليمية والدولية و القاريـة و دعـم سبل التواصل وتبادل الأفكار.

الفصل الثاني
النظام التربوي البيئي في المملكة العربية السعودية

تولي دول العالم اهتماما كبيرا بالتعليم البيئي، وقد تمت مناقشة المادة السادسة ضمن الاتفاقية الإطارية للأمم المتحدة بشأن تغير المناخ، والتي تُعنى بالتعليم البيئي و بالأمور المناخية , في مؤتمر بون المناخي2013 و التحضيري لمؤتمر الأعضاء في نسخته التاسعة عشر ببولندا. تنص هذه المادة على نشر ثقافة التصدي لآثار التغييرات المناخية بين الشعوب عبر إدراج مواد مخصصة في المناهج التعليمية و إشراك الطلاب في إيجاد خطط و حلول للتعامل مع هذه العوامل المناخية. بالإضافة إلى ذلك يتم عقد ورشات عمل و ندوات لتنمية المعاهد و المدارس المعنية بهذا المفهوم من حيث تبادل الخبرات , و في تسهيل مهمة إيصال المعلومات و نشرها بين شرائح المجتمع.

يقتصر دور التوعية البيئية في المملكة على جهة حكومية واحدة ألا وهي الرئاسة العامة للأرصاد و حماية البيئة, و في عدة جمعيات متعددة غير حكومية-غير ربحية. و التي .لها أثر فعال .في نشر ثقافة الاستدامة البيئية و كيفية المحافظة على الموارد الطبيعية في المجتمع السعودي. (1)

─────────────────
(1) منهاج النظام التربوي البيئي في المملكة العربية السعودية
By Munira Abdelkader | October 3, 2015 - 6:07 pm | Environment, Middle East
منشور على الرابط http://www.ecomena.org/environment-ksa-ar/

المبحث الأول : مؤسسات البيئة في المملكة العربية السعودية

المطلب الأول : الرئاسة العامة للأرصاد وحماية البيئة(1)

تولي المملكة حاليا اهتماما شديدا في مجال حماية البيئة. ويأتي ذلك في لائحة النظام العام و اللائحة التنفيذية الصادرة من الرئاسة العامة للأرصاد و حماية البيئة. تأسست هذه الرئاسة في هيكلها الحالي في عام 1401 هجري، ويندرج في قوائم عملها أجندة تحمي موارد البيئة, أي من مهامها الترويج لطرق حماية البيئة لجميع القطاعات الخاصة و الحكومية. كوضع لوائح خاصة للتخلص من المخلفات الصناعية، والبناء بطرق صديقة للبيئة. فلذلك شكلت الرئاسة العامة ما يسمى بالنظام العام بالإضافة إلى اللائحة التنفيذية. تنص هذه اللائحة على أنظمة تحث على حماية الموارد الطبيعية في المملكة، وأيضا تطبيق خطوات بيئية للقطاعات العاملة مع رفع المستوى البيئي في المجتمع و

(1) الرئاسة العامة للأرصاد وحماية البيئة هي مؤسسة حكومية تابعة للمملكة العربية السعودية، ترجع نشأة الرئاسة العامة للأرصاد عندما قامت المملكة العربية السعودية بإنشاء المديرية العامة للأرصاد الجوية عام 1370هـ الموافق 1950، ليعاد بعد ذلك هيكلة المديرية عام 1981 الموافق 1401هـ لتصبح مصلحة الأرصاد وحماية البيئة. وأنيط بها دور الجهة المسئولة عن البيئة في السعودية على المستوى الوطني إلى جانب دورها في مجال الأرصاد الجوية، وفي عام 1422هـ الموافق 2001تم تحويل المسمى من مصلحة الأرصاد وحماية البيئة إلى الرئاسة العامة للأرصاد وحماية البيئة وتم تعيين الأمير تركي بن ناصر بن عبد العزيز آل سعود رئيس عام لرئاسة العامة للأرصاد وحماية البيئة حتى ١٧ أغسطس ٢٠١٣ حيث اعفي من منصبه وعين الدكتور عبد العزيز بن عمر الجاسر بدلا عنه نقلا عن https://ar.wikipedia.org/wiki

الذي من شأنه تحقيق مبدآ التنمية المستدامة في المملكة. من جهة أخرى تمثل الرئاسة العامة المملكة في المحافل الدولية المختصة في تطبيق مفهوم التنمية المستدامة.

المطلب الثاني : جمعية البيئة السعودية (1)

تأسست هذه الجمعية غير الربحية في عام 1427 هجري. و تركز كل جودها في تنمية البيئة السعودية والعمل على تحسين أوضاع سكان المناطق والمحافظات التي تعاني مشاكل بيئية وكذلك في إيجاد برامج تنمية مستدامة. إضافة إلى العمل على تنمية العمل التطوعي وذلك بإيجاد قاعدة عريضة من المتطوعين والمساهمة في تعزيز دور القطاع الخاص لخدمة قضايا بيئية في مجالات المحافظة على الموارد الطبيعية والحياة الفطرية.

───────────────────────

(1) تأسست جمعية البيئة السعودية كمؤسسة وطنية لا ربحية عام 1427 هـ وفق قرار وزارة الشؤون الاجتماعية رقم (34770) ومسجلة في سجل الجمعيات الخيرية تحت رقم (335) وتاريخ 1427/5/14 هـ. وتحظى جمعية البيئة السعودية بقيادة الأمير تركي بن ناصر بن عبد العزيز

وبموجب هذا القرار – قرار التأسيس – فقد خولت الجمعية عدد من الصلاحيات أهمها تنمية البيئة السعودية والعمل على تحسين أوضاع سكان المناطق والمحافظات التي تعاني مشاكل بيئية وذلك بالعمل على إيجاد برامج تنمية مستدامة. إضافة إلى العمل على تنمية العمل التطوعي وذلك بإيجاد قاعدة عريضة من المتطوعين والمساهمة في تعزيز دور القطاع الخاص لخدمة قضايا للبيئة في مجالات حماية البيئة والمحافظة على الموارد الطبيعية والحياة الفطرية

المطلب الثالث : الجمعية السعودية للعلوم البيئية(1)

تأسست هذه الجمعية في عام 1427 هجري بمبادرة خاصة من الأمير تركي بن ناصر مع جامعة الملك عبد العزيز. و تهدف هذه الجمعية إلى الرقي بالعلوم البيئية وتنمية الفكر العلمي في مجالات علوم البيئة، والعمل على نشر الوعي البيئي وتمهيد سبل الاتصال وتبادل الخبرات بين المختصين والمهتمين، وتقديم المشورة العلمية والنظرية والتطبيقية في هذا مجال لعديد من مجالات التنمية في المملكة.

_____

(1) كـان تأسـيس الجمعيـة السـعودية للعلـوم البيئيـة وانطلاقتهـا الرسـمية يـوم الثلاثـاء 29/ محرم/1427هـ بقرار من مجلس جامعة الملك عبد العزيز وتهدف إلى الرقي بـالعلوم البيئية وتنمية الفكر العلمي في مجالات العلوم البيئية، والعمل علـى نشـر الـوعي البيئـي وتمهيد سبـل الاتصـال وتبـادل الخبـرات بـين المختصـين والمهتمـين، وتقـديم المشـورة العلميـة والنظريـة والتطبيقية في مجال العلوم البيئية لعديد من مجالات التنمية في المملكة. ويأتي تأسيس الجمعية انطلاقا من اهتمـام المملكـة العربيـة السـعودية بقيـادة خـادم الحـرمين الشـريفين بشـؤون البيئة وحمايتها من خلال الجامعات والمؤسسات المهنية

المبحث الثاني : دور القطاع التعليمي السعودي في نشر الوعي البيئي

لا شك أن في إدراج مناهج أو مواد في النظام التعليمي عن أهمية المحافظة على الموارد البيئية, بالإضافة إلى وضع أسس قائمة على بناء أساس جوهري بآثار تغييرات المناخ بين الطلاب قد يساهم و بشكل كبير في زيادة الوعي المعرفي بأهمية الحفاظ على البيئة. ناهيك عن التصدي للتحديات الحالية و المستقبلية في ما يخص بمجال تغيرات المناخ و الطاقة في السعودية [1] .

اهتمت المملكة العربية السعودية بتحقيق التنمية المستدامة في الدولة، والرقي برفاهية المواطن السعودي بتحقيق السلامة والمحافظة على الموارد الطبيعية والبيئية، ومن هذا المنطلق عمدت على تبني كل ما هو متاح و يمكن أن يحسن ويرتقي بالإدارة البيئية ويدعم التنمية المستدامة، باعتبار أن التكامل في المجال البيئي واستنهاض الوعي العام بأهمية الحفاظ على سلامة البيئة وتبني السياسات التي من شأنها الوفاء بمستلزمات التنمية المستدامة مطلب لتحقيق التنمية المستدامة. وتبنت التوعية البيئية لجميع أفراد المجتمع السعودي باعتبار التوعية من أهم العوامل التي تساعد على مواجهة المشاكل البيئية وإحدى أنجع الطرق لمواجهتها وتخفيف الضغوط الاجتماعية والاقتصادية على الموارد البيئية والطبيعية وتحقيق التنمية المستدامة.

كما اعتمدت حكومة خادم الحرمين الشريفين رفع الوعي البيئي بين كافة شرائح المجتمع السعودي نهج استراتيجي في إطار التدابير التي تحقق التنمية

---

(1) أحد الأمثلة الواعدة في المجال التربوي السعودي هو برنامج مدارس الحس البيئي في المملكة العربية السعودية والذي نفذته جمعية البيئة السعودية بالتعاون مع وزارة التربية والتعليم.

المستدامة، وارتأت أن النشاط الرياضي مدخل أساسي للتوعية البيئية لفئة الرياضيين والجماهير والمشجعين وهي من الفئات المستهدفة بالتوعية البيئية وتأصيل المبادئ الداعمة للتنمية المستدامة.

وحققت التوعية البيئية في المملكة الكثير من النجاح منذ بداية انطلاقة أعمال الوعي البيئي والتنظيم المؤسسي للأجهزة البيئية بالمملكة خلال بدايات ثمانينات القرن الماضي. حيث انتهجت التوعية البيئية العديد من الوسائل والأدوات والوسائط الإعلامية والتربوية المتاحة آن ذاك للتوعية والاتصال والإعلام البيئي والتي تمكنت من الوصول إلى فئات مستهدفة كثيرة من المجتمع السعودي كالطلاب والشباب وبشكل محدود المجتمع المحلي.

إن تقديم وتقييم جهود المملكة في نشر الثقافة والتربية البيئية في إطار نشر التوعية والمواطنة البيئية من خلال الإعلام والاتصال والتربية والتعليم في السعودية يحتاج إلى تضافر وتنوع وثراء الجهد المبذول من قبل المنظومة

الاجتماعية والتي اشترك بها القطاع الحكومي والقطاع الخاص وبعض مؤسسات المجتمع المدني، وهنالك العديد من البرامج والمشاريع والمبادرات التي تم ويتم حالياً تنفيذها في سياق الثقافة والاتصال والتوعية والمواطنة البيئية والروابط المتداخلة بين مفاهيم مكونات ومخرجات هذه البرامج والمبادرات والتي بنيت عليها[1]

_____

[1] انظر رؤيا دائرة الرئاسة العامة للأرصاد وحماية البيئة منشور على موقعها الرسمي
http://www.pme.gov.sa/AwarenessDef.asp

المبحث الثالث : دور المؤسسات العامة السعودية في نشر الوعي البيئي

المطلب الأول : مؤسسات سعودية تهتم بالبيئة

- **شركة أرامكو السعودية(1)**

هي شركة سعودية وطنية تعمل في مجالات النفط والغاز الطبيعي والبتر وكيماويات والأعمال المتعلقة بها من تنقيب وإنتاج وتكرير وتوزيع وشحن وتسويق، وهي شركة عالمية متكاملة تم تأميمها عام 1988، ويقع مقرها الرئيسي في الظهران وتعد أكبر شركة في العالم من حيث القيمة السوقية حيث بلغت قيمتها السوقية 781 مليار في عام 2006و7 تريليون دولار في عام 2010طبقاً لتقدير صحيفة فاينانشال تايمز فيما رجحت مجلة اكسبلوريشن قيمة أرامكو السوقية في عام 2015بحوالي 10 تريليون دولار.

- **نظام الأبحاث والتطوير في الشركة**

اهتمت شركة ارامكو السعودية اهتماما كبيرا بتحسين عملياتها خلال العقد الماضي. وقد استعانت بحوالي 500 من المهندسين والعلماء المتخصصين في مختلف جوانب صناعة النفط والغاز.

(1) http://www.saudiaramco.com/ar/home/news-media/news/Environment--Awards.html (الموقع الإلكتروني لشركة ارامكو)
وجزء من هذه المعلومات متوفر على موقع /https://ar.wikipedia.org/wiki

- **مراكز الأبحاث الموجودة بالشركة**

1. التنقيب وهندسة البترول في مركز البحوث (مركز التنقيب وهندسة البترول (ARC الذي يدير الاستكشاف والإنتاج ويركز على بحوث مصادر النفط
2. مركز البحوث والتنمية(R & DC) ، ويركز على أبحاث المنتج النهائي (البنزين، زيت السيارات..أخر، ويتضمن الأبحاث الحيوية)

- **دور شركة أرامكو في المحافظة على البيئة**

تمتلك أرامكو سجلاً طويلاً في مجال المحافظة على رعاية البيئة حيث قامت شركة ارامكو باستخدام تقنيات صديقة للبيئة، مع الاستخدام الحكيم لموارد الشركة لإنشاء أول محمية للحياة البرية في المملكة في الشيبة، وحديقة المنغروف البيئية في رأس تنورة، وإقامة علاقة تعاون لمدة 10 سنوات مع جامعة الملك عبد الله للعلوم والتقنية، لإجراء دراسات بحرية تشمل كامل المياه الإقليمية السعودية في البحر الأحمر، وقد أصدرت الشركة في عام 1988بيانا على أن الشركة تسعى لتقليل 50% من كمية الرصاص في البنزين

وكان من جهود حماية البيئة في الشركة :

1. قامت الشركة بوضع خطة بيئية للحد من الانبعاثات التي تقدمها برامج كابيتال حيث نفّذت الشركة تقنية التجنب الكامل للانبعاثات في 400 موقع بئر، بزيادة نسبتها 55% مقارنة بعام 2013م

2. أدى تنفيذ تقنية التجنب الكامل للانبعاثات إلى استخلاص 5 بلايين قدم مكعبة قياسية من الغاز، بالإضافة إلى 200 ألف برميل من الزيت الخام.

3. بفضل المبادرات الجارية للحد من حرق الغاز، ظل إجمالي كمية الغاز التي تحرقها الشركة ثابتًا عند أقل من 1% من إجمالي إنتاجها من الغاز الخام للعام الثاني على التوالي، وتمتلك الشركة محطات لمكافحة الحرائق في كل من المناطق الصناعية والمناطق السكنية.

وتعتبر شركة ارامكو من الجهات السعودية التي تعمل على المساهمة بقوة في مكافحة الأمراض والأوبئة عن طريق التطوير المستمر للخدمات والمرافق والموارد البشرية الطبية والصحية. (1)

---

(1) – قال رئيس أرامكو السعودية، كبير إدارييها التنفيذيين، الأستاذ خالد بن عبد العزيز الفالح إن الشركة تقود جهود المحافظة على البيئة في المملكة، وأنها من خلال أعمالها المنتشرة في كل أنحاء المملكة وخارجها تحرص على تطبيق أعلى مستويات المحافظة على البيئة. وقال خلال الحفل السنوي العاشر لجائزة الرئيس للمحافظة على البيئة: "عندما أتطلع إلى ما وصلنا إليه اليوم في مقابل ما كنا عليه قبل بضع سنوات، أشعر برضى بالغ، فالشركة تسير نحو تبوّء الصدارة في مجال المحافظة على البيئة". المصدر http://www.saudiaramco.com/ar/home/news-media/news/Environment-Awards.htm (الموقع الإلكتروني لشركة ارامكو)

المطلب الثاني : جائزة المملكة العربية السعودية للإدارة البيئية

انطلقت الجائزة برعاية كريمة من خادم الحرمين الشريفين في عام 2004م، وتُعدّ واحدة من أهم وأرفع الجوائز المعنية بالبيئة في الدول العربية، وتمنحها الرئاسة العامة للأرصاد وحماية البيئة بالتعاون مع المنظمة العربية للتنمية الإدارية.

وتهدف الجائزة إلى: ترسيخ المفهوم الواسع للإدارة البيئية في الوطن العربي، وتحفيز الدول العربية للاهتمام بمفهوم التنمية المستدامة، والتعريف بالجهود المتميزة والممارسات العربية والدولية الناجحة في مجال الإدارة البيئية وتعميمها على الدول العربية للاستفادة منها.

وتمثل الجائزة إحدى الدعائم المهمة في تشجيع العمل البيئي ونشر الوعي، وحافزاً لكافة المؤسسات والأفراد نحو تأمين مستقبل أبنائنا في المنطقة العربية ولصالح الإنسانية جمعاء.

أهداف الجائزة

1. ترسيخ وتبني المفهوم الواسع للإدارة البيئية في الوطن العربي والقاضي بحسن استغلال الموارد الطبيعية وذلك باستخدام أقل قدر منها للحصول على أكبر إنتاج بحيث ينجم عنه أقل مستوى من النفايات.

2. تأصيل مبادئ وأساليب الإدارة البيئية السليمة في مؤسسات وأجهزة القطاعات العربية العامة والخاصة والأهلية.

3.تحفيز الدول العربية للاهتمام بمفهوم التنمية المستدامة.

4.توضيح الدور الهام للإدارة البيئية في الاقتصاديات العربية وقدرتها التنافسية في التجارة الدولية.

5.المساهمة في الجهود الرامية إلى تحقيق مستوى مرتفع لجودة نوعية حياة الشعوب العربية وحق كافة الأجيال العربية في بيئة نظيفة.

6.تحفيز وتوجيه البحوث العلمية للاهتمام بمجالات الإدارة البيئية وتطبيقاتها. ونشر نتائج الأبحاث لتعميم الفائدة على الدولة العربية.

7.تعزيز آليات للتعاون العربي المشترك في مجال الإدارة البيئية.

8.التعريف بالجهود المتميزة والممارسات العربية والدولية الناجحة في مجال الإدارة البيئية وتعميمها على الدول العربية للاستفادة منها.

9.استنهاض الجهود للخروج بحلول مبتكرة علمية وعملية للمشاكل البيئية الحالية والمستقبلية. (1)

---

(1) للحصول على مزيد من المعلومات عن هذه الجائزة راجع الموقع -http://www.env-news.com/cm-business

الفصل الثالث

جهود القضاء السعودي في إنماء الفقه البيئي

المبحث الأول : الأصول التي يستند إليها القضاء السعودي في القضايا البيئية (1)

القضاء في المملكة العربية السعودية يرتكزُ على الشريعة الإسلامية، ويستمدُّ أحكامه منها، فهي المصدر الأصيل والوحيد للقضاء السعودي، ومن هنا فإن جميع القضايا البيئية التي تُعرَضُ على المحاكم تُعالَجُ من هذه المشكاة؛ كتاب الله وسنة نبيّه محمد - صلى الله عليه وسلم، والقاضي فيما يُقرِّره من أحكام قضائية تتعلق بالبيئة يكون في ذلك على مستويين، هما:

المطلب الأول: حال النص على الحكم الفقهي الجزئي للواقعة

في هذه الحالة حين النص على الحكم الفقهي الجزئي للواقعة القضائية يقتصرُ جهد القاضي على تطبيقه في محلِّه من الواقعة التي ينظرها، مراعيًا توصيفَها، وإعمال قواعد الملائمة والتوصيف، وتسبيبها، وهذا هو الأصل في عمل القضاء.

(1) بحث رائع عن جهود القضاء السعودي في إنماء الفقه البيئي، لمعالي فضيلة الشيخ عبدالله بن محمد بن سعد آل خنين ورقة عمل لمؤتمر: "دور القضاء في تطوير القضاء البيئي في المنطقة العربية"، معهد الكويت للدراسات القضائية والقانونية، 26 - 2002/10/28م. منشور على الرابط : http://www.alukah.net/sharia/0/69150/#ixzz3uKDjDbd3 : (بتصرف يسير مثل عنونة بعض النصوص لتتلاءم مع منهجية الكتاب)

المطلب الثاني: حال خلو الواقعة من حكم فقهي جزئي

في حالة خلو الواقعة القضائية من حكم فقهي جزئي يقع حينها على القاضي عبئين :

أحدهما :تقرير الحكم الفقهي للواقعة.

ثانيها :تطبيقه عليها بتحقيق مناطه القضائي كالحال في المستوى الأول.

وفي هذه الحال ـ حال خلو الواقعة من حكم فقهي جزئي ـ يجبُ على القاضي تقريرُ الحكم الفقهي للواقعة بناءً على أصل شرعي، وهذا اجتهاد فقهيٌّ، وهو أمر معروف منذ الصدر الأول في الإسلام وحتى يومنا هذا.

وهو في الأصل عمل الفقهاء، إلا أن القاضي غيرُ معذورٍ بترك القضية بلا حكم ـ عند خلو الواقعة من اجتهاد فقهي ـ حتى يُقرِّر الفقيه حكمَها؛ لأنه ربما تأخَّر، ولا يمكن التأخر في القضاء إلا بقدر ما يستبين القاضي حكم المسألة، ويتحقق من ثبوتها ويفرغ من تأمُّلها؛ ولذا وجب على القاضي أن يقوم بهذه المهمة ـ تقرير الحكم الفقهي للواقعة ـ ومن هنا كان للقضاء جهودٌ في مجال النوازل الفقهية، ومنها الفقه البيئي.

كمال الشريعة واشتمالها على الأحكام الفقهية للبيئة:

الفقه الإسلامي فقهٌ عميق الجذور، ممتدُّ الأفق، يقول ـ تعالى :ـ ﴿ الْيَوْمَ أَكْمَلْتُ لَكُمْ دِينَكُمْ وَأَتْمَمْتُ عَلَيْكُمْ نِعْمَتِي وَرَضِيتُ لَكُمُ الْإِسْلَامَ دِينًا ﴾ [المائـدة: 3]، فهـو يحمـل مقوِّمـات النَّمـاء والتجـدُّد، وهـو المرجـع لأمـم الإسلام،

بل كان مرجعًا لغيرِها من الأمم الأخرى، فلقد حدَّث شيخ الإسلام ابن تيمية أن ملوك الأمم الأخرى من غير المسلمين في زمن مضى يردُّون الناس من سائر رعيَّتِهم للتحاكم في الدماء والأموال إلى حاكم الأقلية المسلمة لديهم ليحكم بينهم بشرع المسلمين؛ لما وجدوه في هذه الشريعة من العدل والإنصاف لأصحاب الحقوق (1).

كما حدَّث الشيخ علي حيدر عن إجابة علماء المسلمين في عصره عن المعضلات الفقهية لدى أمم الغرب، فقال - وهو يتحدَّث عن وظائف دار الإفتاء في آخر الدولة التركية - قال: "وقد استُفتِيَت دار الاستفتاء هذه في بعضِ الأحوال من قِبَل دول أوروبا في بعض المسائل الغامضة الحقوقية" (2).

ولا غروَ في ذلك؛ فهي شريعة رب العالمين الذي يعلَمُ ما يُصلِحُ الناس في عاجلهم وآجلهم، يقول - تعالى :- ﴿ أَلَا يَعْلَمُ مَنْ خَلَقَ وَهُوَ اللَّطِيفُ الْخَبِيرُ ﴾ [الملك: 14]

ولقد جاءت من أحكام الشريعة نصوصٌ جزئية على مسائلَ قارَّةٍ كما في العبادات، وكثير من قضايا الميراث والأسرة، كما جاءت كثير من أحكامها - بخاصة في المعاملات - قواعدَ كلية تعالج ما كان قائمًا من القضايا، وهي قادرة على مواجهة ما يستجدُّ من النوازل.

(1) الجواب الصحيح؛ لابن تيمية 253/2) .
(2() درر الحكام 566/4.)

كما انطَوَت نصوصُ الشريعة على مقاصدَ عامَّةٍ تسعى الشريعةُ إلى تحقيقِها؛ من حفظ الضروريات الخمس) من الدين، والنفس، والعقل، والمال، والعِرْض(، واحترام الإنسان، وبسط العدل فيه، وقوة الأمة وسلامتها، وأن تبقى مرهوبةَ الجانب، وحفظ المجتمع وتحقيق سلامته، وتحقيق مصلحة الإنسان، وإصلاحه بجلب المنافع له ودفع المضار عنه، وكلها أصول تتَّسِعُ لملاقاة الوقائع الجديدة بالأحكام.

وقضايا البيئة مما تشمَلُها القواعد الكلية والمقاصدية في الشريعة الإسلامية، وهذا يُحقِّقُ لها القدرة على مواجهة تلك النوازل، ويجعلُ لها جاهزيةَ التطبيقِ في كل حين وفي كل آنٍ، وهو ما يحدُثُ عندنا في المملكة العربية السعودية؛ إذ ما يجِدُّ من أمورٍ فقهية فتُحالُ للمحاكم إلا وتجِدُ حلاً غير مترددٍ، وهذا ما حصل في تجريمِ قضايا غسيل الأموال، وهو ما يحصل في قضايا البيئة وغيرها.

ولقد عرَف الفقهُ الإسلامي أحكامَ البيئة من القواعد الكلية والمقاصد العامة في شريعة الإسلام التي تعالج هذا الجانب، من قواعد دفع الضرر وإزالته، وضمان ما يترتب عليه بعامة، أو ما يتعلق ببيئة الجوار، سواء تعلَّق ذلك بضمان الإنسان لما يُتلِفُه هو أو يُتلِفُه حيوانه الذي عليه حفظُه، وما يتلفه حائطُه الذي يوشك أن يتردَّى ولم يُزِلْه، وبذل الفقهاء جهدَهم في القضايا التي كانت تلمُّ بهم، وذلك ببيان أحكامها، وتحقيق مناطها من تلك القواعد، فقالوا: "يُمنَعُ الجارُ مما يضرُّ بجاره من تنُّور يؤذي الجارَ بدُخَانِه أو بحرارته، ومن اتخاذ داره

للقصارة؛ لأنه يؤدي إلى هز حيطانِ جدار جارِه وتشقُّقها، وإلى إزعاجه وتعكير السكينة عليه، كما يُمنَعُ الجار من حفرِ (بالوعةٍ) تُفسِدُ بئر جاره، ومدبغة تؤذي جاره بالرائحة، ومن تعلية بنائه بحيث يسدُّ الهواء عنه.

وفي العصر الحاضر - عصر النهضة الصناعية، التي وصلت آثارها إلى كل بلد - جدَّ من قضايا البيئة ما يمكن تخريجُه على القواعد الكلية ومقاصد الشريعة العامة، وحسبُ القاضي وهو يسعى إلى إيصال الحقوق لأصحابها وإلى الفصل بين الناس بالعدل، أن يستحضرَ تلك القواعد ويُخرِّجُ عليها ما يُعرَضُ عليه من قضايا؛ لأنها وإن اختلفت صورها، فهي ترجع إلى قواعد ضابطة، وأهدافٍ قارَّة، قرَّرتْها الشريعةُ الكاملة.

المبحث الثاني : السوابق القضائية ومكانتها في إنماء الفقه البيئي

المراد بالسوابق القضائية: "ما صدر من الأحكام القضائية على وقائع معيَّنة مما لم يسبق تقرير حكم كلي لها."

ولها مكانة كبيرة في الاستعانة بها لتقريرِ الحكم الكلي للواقعة القضائية عند خلوِّ الواقعة من قولٍ لمجتهدٍ، فالقضاء حيٌّ متحرِّك يتحرَّك مع الإنسان؛ لأنه يعيش معاناته ويعالج أقضيته، فإذا حدث للقاضي من الأقضية ما لا قولَ فيه للعلماء، ثم اجتهد في تأصيلها وتقعيدها، وحكم فيها، فيكون ذلك أصلاً يستضيء به مَن بعده؛ ولذلك كان بعض الفقهاء إذا قرَّر حكمًا أو رجحه يقول: "وعليه العمل"، فالسوابق القضائية إذا جرى تقعيدها وتأصيلها وصح مأخذُها، عُدَّت مستندًا للقاضي في حكمه القضائي في تقرير حكم الواقعة الكلي.

ولقد كان القضاء بما قضى به الصالحون منهجًا عند سلفنا، فهذا عبد الله بن مسعود فيما روى عنه عبد الرحمن بن يزيد يقول: "مَن عرَض له منكم قضاءٌ بعد اليوم، فليقضِ بما في كتاب الله، فإن جاء أمرٌ ليس في كتاب الله، فليقضِ بما قضى به نبيُّه، فإن جاء أمرٌ ليس في كتاب الله، ولا قضى به نبيُّه، فليقضِ بما قضى به الصالحون، فإن جاء أمر ليس في كتاب الله، ولا قضى به نبيُّه، ولا قضى به الصالحون، فليجتهِدْ رأيَه [1].

---

(1) رواه النسائي 230/8، وهو برقم 5397، 5398، والبيهقي في السنن الكبرى 10/115، قال عبد القادر الأرناؤوط في تعليقه على جامع الأصول لابن الأثير :10/180وإسناده حسن، مُعِين الحكَّام لابن عبد الرفيع 608/2، الروض المربع 7/524، إعلام الموقعين 110/1، القضاء في عهد عمر للطريفي 632/2، 1038.

ففي هذا الأثر دلالةٌ على مكانة السوابق القضائية، ورجوع القاضي لها، واستناده إليها، ما دام قد صح مأخذها، وعلم أصلها، وبان تقعيدها.

وقد ذكر الفقهاء أن من آداب القاضي كونَه مطلعًا على أحكام مَن قبله من القضاة، بصيرًا بها؛ كي يستضيء بها، ويستفيد منها.

وليحذَرِ القاضي من السوابق القضائية ما لا أصل لها، أو بان من الأدلة ما هو أقعد منها؛ ولذلك كان عمر يقول: "لا يمنعك قضاءٌ قضيتَ به اليوم فراجعت فيه رأيَك، وهُديت فيه رشدك، أن تراجع فيه الحق؛ فإن الحق قديم لا يُبطِلُه شيء، ومراجعة الحق خير من التمادي في الباطل." (1)

---

(1) رواه الدارقطني في سننه 111/2، وهو برقم 4426، والبيهقي في السنن الكبرى 10/150، وصحَّحه الألباني في الإرواء 241/8، وهو قطعة من خطاب عمر الموجَّه إلى أبي موسى الأشعري، والذي رواه أبو المليح الهذلي؛ رواه ابن ماجه، والدارقطني، ومالك في الموطأ مرسلاً، وحسنه النووي في الأربعين، وقال: له طرق يقوي بعضها بعضًا، يقول مصطفى الزرقا في كتابة المدخل 990/2: "أما إضرار جماعة الناس وإزعاجهم في مرافقهم العامة، فإنه لا يمكن أن يستحق عليهم شرعًا بوجه من الوجوه"؛ الشرح الكبير 451/5، الإنصاف 233/6، قواعد ابن رجب (ق/78) ؛ المدخل الفقهي للزرقا 1035/2.

الفصل الرابع
الحماية الجنائية للبيئة في النظام السعودي
المبحث الأول : المهام والالتزامات التي يفرضها نظام البيئة السعودي على الجهات المختصة والعامة

تضمن نظام البيئة السعودي مجموعة من المواد النظامية التي تحدد الإجراءات المطلوبة من الجهات المختصة والجهات العامة في المحافظة على البيئة نبينها تباعا حسب المطالب التالية :

المطلب الأول : مهام الجهة المختصة في المحافظة على البيئة

حددت المادة الثالثة من نظام البيئة دور الجهة المختصة في المحافظة على البيئة فنصت على أنه :

" تقوم الجهة المختصة بالمهام التي من شأنها المحافظة على البيئة ومنع تدهورها وعليها على وجه الخصوص ما يأتي :

1- مراجعة حالة البيئة وتقويمها، وتطوير وسائل الرصد وأدواته، وجمع المعلومات وإجراءات الدراسات البيئية .
2- توثيق المعلومات البيئية ونشرها.
3- إعداد مقاييس حماية البيئة وإصدارها ومراجعتها وتطويرها وتفسيرها.
4- إعداد مشروعات الأنظمة البيئية ذات العلاقة بمسئولياتها.

5- التأكد من التزام الجهات العامة والأشخاص بالأنظمة والمقاييس والمعايير البيئية، واتخاذ الإجراءات اللازمة لذلك بالتنسيق والتعاون مع الجهات المعنية والمرخصة .

6- متابعة التطورات المستجدة في مجالات البيئة، وإدارتها على النطاقين الإقليمي والدولي.

7- نشر الوعي البيئي على جميع المستويات".

وهذه التزامات حقيقية مطلوبة من مصلحة الأرصاد والبيئة السعودية، وإن كنا نرى بلزوم فصل الأرصاد عن البيئة في هيئة مستقلة .

المطلب الثاني : الإجراءات المطلوبة من الجهات العامة للحفاظ على البيئة

حددت المادة الرابعة من نظام البيئة السعودي الإجراءات المطلوبة من الجهات العامة للحفاظ على البيئة فنصت على ما يلي :

1- "على كل جهة عامة اتخاذ الإجراءات التي تكفل تطبيق القواعد الواردة في هذا النظام على مشروعاتها أو المشروعات التي تخضع لإشرافها، أو تقوم بترخيصها والتأكد من الالتزام بالأنظمة والمقاييس والمعايير البيئية المبينة في اللوائح التنفيذية لهذا النظام .

2- على كل جهة عام مسئولة عن إصدار مقاييس أو مواصفات أو قواعد تتعلق بممارسة نشاطات مؤثرة على البيئة أن تنسق مع الجهة المختصة قبل إصدارها".

المطلب الثالث : دراسات التقويم البيئي

حددت المادة الخامسة من نظام البيئة السعودي فترة إجراء دراسات التقويم البيئي عند تقديم دراسات الجدوى المشاريع فنصت على أنه :

"على الجهات المرخصة التأكد من إجراء دراسات التقويم البيئي في مرحلة دراسات الجدوى للمشروعات التي يمكن أن تحدث تأثيرات سلبية على البيئة وتكون الجهة القائمة على تنفيذ المشروع هي الجهة المسئولة عن إجراء دراسات التقويم البيئي وفق الأسس والمقاييس البيئية التي تحددها الجهة المختصة في اللوائح التنفيذية".

كما بينت المادة السادسة من النظام البيئي دور الجهات القائمة على تنفيذ مشروعات جديدة أو قديمة في استخدام أفضل التقنيات الممكنة والمناسبة للبيئة المحلية فنصت على :

"على الجهة القائمة على تنفيذ مشروعات جديدة أو التي تقوم بإجراء تغييرات رئيسية على المشروعات القائمة أو التي لديها مشروعات انتهت فترات استثمارها المحددة أن تستخدم أفضل التقنيات الممكنة والمناسبة للبيئة المحلية والمواد الأقل تلويثاً للبيئة" .

المطلب الرابع : التعليم في السعودية والبيئة

حددت المادة السابعة المفاهيم البيئية المطلوبة من الجهات المسئولة عن التعليم في المملكة العربية السعودية تضمينها في مناهج مراحل التعليم المختلفة

فنصت على أنه :

1- "على الجهات المسئولة عن التعليم تضمين المفاهيم البيئية في مناهج مراحل التعليم المختلفة .

2- على الجهات المسئولة عن الإعلام تعزيز برامج التوعية البيئية في مختلف وسائل الإعلام وتدعيم مفهوم حماية البيئة من منظور إسلامي.

3- على الجهات المسئولة عن الشئون الإسلامية والدعوة والإرشاد تعزيز دور المساجد في حث المجتمع على المحافظة على البيئة وحمايتها .

4- على الجهات المعنية وضع برامج تدريبية مناسبة لتطوير القدرات في مجال المحافظة على البيئة وحمايتها".

المطلب الخامس : تقنيات التدوير وإعادة استخدام الموارد

المادة الثامنة من نظام البيئة السعودي بينت الأسس التي تقام عليها عمليات تقنيات التدوير حيث نصت على ما يلي :

"مع مراعاة ما تقضي به الأنظمة والتعليمات تلتزم الجهات العامة والأشخاص بما يأتي :

1- ترشيد استخدام الموارد الطبيعية للمحافظة على ما هو متجدد منها وإنمائه وإطالة أمد الموارد غير المتجددة .

2- تحقيق الانسجام بين أنماط ومعدلات الاستخدام وبين السعة التحميلية للموارد.

3- استعمال تقنيات التدوير وإعادة استخدام الموارد .

4- تطوير التقنيات والنظم التقليدية ا لتي تنسجم مع ظروف البيئة المحلية والإقليمية .

5- تطوير تقنيات مواد البناء التقليدية ".

وهذه جملة من الإجراءات الرشيدة في التوسع في إجراءات تقنيات التدوير

المطلب السادس : خطط مواجهة الكوارث البيئية في المملكة العربية السعودية

المادة التاسعة ألزمت الجهات المعنية بوضع خطط لمواجهة الكوارث البيئية التي يمكن أن تتعرض لها المملكة العربية السعودية فنصت على أنه :

1-" تضع الجهة المختصة بالتنسيق مع الجهات المعنية خطة لمواجهة الكوارث البيئية تستند على حصر الإمكانات المتوفرة على المستوى المحلي والإقليمي والدولي .

2- تلتزم الجهات المعنية بوضع وتطوير خطط الطوارئ اللازمة لحماية البيئة من مخاطر التلوث التي تنتج عن الحالات الطارئة التي قد تحدثها المشروعات التابعة لها أثناء القيام بنشاطاتها.

3- على كل شخص يشرف على مشروع أو مرفق يقوم بأعمال لها تأثيرات سلبية محتملة على البيئة وضع خطط طوارئ لمنع أو تخفيف مخاطر تلك التأثيرات وأن تكون لديه الوسائل الكفيلة بتنفيذ تلك الخطط.

4- تقوم الجهة المختصة بالتنسيق مع الجهات المعنية بمراجعة دورية عن مدى ملائمة خطط الطوارئ".

المطلب السابع : أحكام عامة تضمنها نظام البيئة السعودي

1. المادة العاشرة :(مراعاة الجوانب البيئية في عملية التخطيط للمشروعات)

يجب مراعاة الجوانب البيئية في عملية التخطيط على مستوى المشروعات والبرامج والخطط التنموية للقطاعات المختلفة والخطة العامة للتنمية .

ونعتقد وجود تكرار في هذه المادة لمواد أخرى ركزت مراعاة الجوانب البيئية في عملية التخطيط للمشاريع

2. مسؤولية المشغل والمقاول والمالك والمباشر عن الإجراءات البيئية

• المادة الحادية عشرة :(مسؤولية المشغل للمشروع)

1- على كل شخص مسئول عن تصميم أو تشغيل أي مشروع أو نشاط الالتزام بأن يكون تصميم وتشغيل هذا المشروع متمشياً مع الأنظمة والمقاييس المعمول بها.

2- على كل شخص يقوم بعمل قد يؤدي إلى حدوث تأثيرات سلبية على البيئة أن يقوم باتخاذ الإجراءات المناسبة للحد من تلك التأثيرات أو خفض احتمالات حدوثها.

● المادة الثانية عشرة : (مسؤولية المقاول في المشاريع)

1- يلتزم من يقوم بأعمال الحفر أو الهدم أو البناء أو نقل ما ينتج عن هذه الأعمال من مخلفات أو أتربة باتخاذ الاحتياطات اللازمة للتخزين والنقل الآمن لها ومعالجتها والتخلص منها بالطرق المناسبة .

2- يجب عند حرق أي نوع من أنواع الوقود أو غيره سواء كان للأغراض الصناعة أو توليد الطاقة أو أي أنشطة أخرى أن يكون الدخان أو الغازات أو الأبخرة المنبعثة عنها والمخلفات الصلبة والسائلة الناتجة، في الحدود المسموح بها في المقاييس البيئية .

3- يجب على صاحب المنشأة اتخاذ الاحتياطات والتدابير اللازمة لضمان عدم تسرب أو انبعاث ملوثات الهواء داخل أماكن العمل إلا في حدود المقاييس البيئية المسموح بها.

4- يشترط في الأماكن العامة المغلقة وشبه المغلقة أن تكون مستوفية لوسائل التهوية الكافية بما يتناسب مع حجم المكان وطاقته الاستيعابية ونوع النشاط الذي يمارس فيه.

وتحدد الاحتياطات والتدابير والطرق والمقاييس البيئية في اللوائح التنفيذية

● المادة الثالثة عشرة : (مسؤولية المباشر للأنشطة الإنتاجية)

يلتزم كل من يباشر الأنشطة الإنتاجية أو الخدمية أو غيرها باتخاذ التدابير اللازمة لتحقيق ما يأتي :

1- عدم تلوث المياه السطحية أو الجوفية أو الساحلية بالمخلفات الصلبة أو السائلة بصورة مباشرة أو غير مباشرة .

2- المحافظة على التربة واليابسة والحد من تدهورها أو تلوثها.

3- الحد من الضجيج وخاصة عند تشغيل الآلات والمعدات واستعمال آلات التنبيه ومكبرات الصوت، وعدم تجاوز حدود المقاييس البيئية المسموح بها المبينة في اللوائح التنفيذية.

• المادة الخامسة عشرة : (فترة ترتيب الأوضاع المخالفة لنظام البيئة) تمنح المشروعات القائمة عند صدور هذا النظام مهلة أقصاها خمس سنوات ابتداءً من تاريخ نفاذه لترتيب أوضاعها وفقاً لأحكامه، وإذا تبين عدم كفاية هذه المهلة للمشروعات ذات الطبيعة الخاصة فيتم تمديها بقرار من مجلس الوزراء بناءً على اقتراح الوزير المختص.

• المادة السادسة عشرة : (الالتزام بالبيئة شرط لمنح القروض للمشاريع)

على صناديق الإقراض اعتبار الالتزام بأنظمة ومقاييس حماية البيئة شرطاً أساسياً لصرف دفعات القروض للمشروعات التي تقوم بإقراضها.

المطلب الثامن : دخول النفايات الخطرة أو السامة أو الإشعاعية إلى المملكة العربية السعودية

حددت المادة الرابعة عشرة من نظام البيئة السعودي المسائل المتعلقة بحظر دخول النفايات الخطرة أو السامة أو الإشعاعية إلى المملكة العربية السعودية فنصت على أنه :

1- يحظر إدخال النفايات الخطرة أو السامة أو الإشعاعية إلى المملكة العربية السعودية، ويشمل ذلك مياهها الإقليمية أو المنطقة الاقتصادية الخالصة .

2- يلتزم القائمون على إنتاج أو نقل أو تخزين أو تدوير أو معالجة المواد السامة أو المواد الخطرة والإشعاعية أو التخلص النهائي منها التقيد بالإجراءات والضوابط التي تحددها اللوائح التنفيذية .

3- يحظر إلقاء أو تصريف أي ملوثات ضارة أو أي نفايات سامة أو خطرة أو إشعاعية من قبل السفن أو غيرها في المياه الإقليمية أو المنطقة الاقتصادية الخالصة.

المبحث الثاني : المخالفات والعقوبات في نظام البيئة السعودي

المطلب الأول : الإخلال بالمقاييس أو المعايير البيئية على أرض المملكة العربية السعودية

نصت المادة السابعة عشرة من نظام البيئة السعودي على أنه :

1- عندما يتأكد للجهة المختصة أن أحد المقاييس أو المعايير البيئية قد أخل به فعليها بالتنسيق مع الجهات المعنية أن تلزم المتسبب بما يأتي :

أ – إزالة أي تأثيرات سلبية وإيقافها ومعالجة آثارها بما يتفق مع المقاييس والمعايير البيئية خلال مدة معينة .

ب – تقديم تقرير عن الخطوات التي قام بها لمنع تكرار حدوث أي مخالفات لتلك المقاييس والمعايير في المستقبل، على أن تحظى هذه الخطوات بموافقة الجهة المختصة.

2- عند عدم تصحيح الوضع وفق ما أشير إليه أعلاه فعلى الجهة المختصة بالتنسيق مع الجهات المعنية أو المرخصة اتخاذ الإجراءات اللازمة لحمل المخالف على تصحيح وضعه وفق أحكام هذا النظام.

المطلب الثاني : إدخال النفايات الخطرة أو السامة أو الإشعاعية إلى المملكة العربية السعودية

نصت المادة الرابعة عشرة من نظام البيئة السعودي على أنه :

1- يحظر إدخال النفايات الخطرة أو السامة أو الإشعاعية إلى المملكة العربية السعودية، ويشمل ذلك مياهها الإقليمية أو المنطقة الاقتصادية الخالصة .

2- يلتزم القائمون على إنتاج أو نقل أو تخزين أو تدوير أو معالجة المواد السامة أو المواد الخطرة والإشعاعية أو التخلص النهائي منها التقيد بالإجراءات والضوابط التي تحددها اللوائح التنفيذية .

3- يحظر إلقاء أو تصريف أي ملوثات ضارة أو أي نفايات سامة أو خطرة أو إشعاعية من قبل السفن أو غيرها في المياه الإقليمية أو المنطقة الاقتصادية الخالصة.

وبينت المادة الثامنة عشرة من نفس النظام العقوبات المتعلقة بهذه المخالفة وهي :

1- مع مراعاة المادة (230) من اتفاقية الأمم المتحدة لقانون البحار الموافق عليها بالمرسوم الملكي ذي الرقم (م/17) والتاريخ 1416/9/11هـ ومع عدم الإخلال بأي عقوبة أشد تقررها أحكام الشريعة الإسلامية أو ينص عليها نظام آخر يعاقب من يخالف أحكام

المادة الرابعة عشرة من هذا النظام بالسجن لمدة تزيد على خمس سنوات أو بغرامة مالية لا تزيد على خمسمائة ألف ريال أو بهما معاً مع الحكم بالتعويضات المناسبة، وإلزام المخالف بإزالة المخالفة، ويجوز إغلاق المنشأة أو حجز السفينة لمدة لا تتجاوز تسعين يوماً، وفي حالة العود يعاقب المخالف بزيادة الحد الأقصى لعقوبة السجن على ألا يتجاوز ضعف المدة أو بزياد الحد الأقصى للغرامة على ألا يتجاوز ضعف هذا الحد أو بهما معاً مع الحكم بالتعويضات المناسبة وإلزام المخالف بإزالة المخالفة، ويجوز إغلاق المنشأة بصفة مؤقتة أو دائمة أو حجز السفينة بصفة مؤقتة أو مصادرتها.

2- مع عدم الإخلال بأي عقوبة أشد ينص عليها نظام آخر يعاقب من يخالف أي حكم من أحكام المواد الأخرى في هذا النظام بغرامة مالية لا تزيد على عشرة آلاف ريال، وإلزام المخالف بإزالة المخالفة، وفي حالة العود يعاقب المخالف بزيادة الحد الأقصى للغرامة على ألا يتجاوز ضعف هذا الحد وإلزامه بإزالة المخالفة، ويجوز إغلاق المنشأة لمدة لا تتجاوز تسعين يوماً.

المطلب الثالث : الجهات المخولة بإيقاع العقوبات على مخالفة نظام البيئة

حددت المادة التاسعة عشرة من نظام البيئة السعودي الموظفون الـذين يقومون بضبط المخالفات فنصت على :

يقوم بضبط ما يقع من مخالفات لأحكـام هـذا النظام واللـوائح الصـادرة تنفيذاً لـه الموظفون الـذين يصـدر قرار بتسميتهم من الجهـة المختصـة، وتحدد اللوائح التنفيذية إجراءات ضبط وإثبات المخالفات.

أما المادة العشرون من نظام البيئة السعودي فبينت اختصـاص ديوان المظالم واللجان المشكلة من معالي الوزير للنظـر في المخالفـات وتوقيـع العقوبات المنصوص عليها في هذا النظام فنصت على أنه :

1- يختص ديوان المظالم بتوقيع العقوبات المنصوص عليها في الفقـرة (1) من المادة الثامنة عشـرة بحـق المخـالفين لأحكـام المـادة الرابعـة عشرة من هذا النظام .

2- مع مراعاة ما ورد في الفقرة (1) مـن هـذه المـادة يتم بقرار مـن الوزير المختص تكوين لجنة أو أكثر من ثلاثة أعضاء يكون أحدهم على الأقل متخصصاً في الأنظمة للنظـر في المخالفـات وتوقيـع العقوبـات المنصوص عليهـا فـي هـذا النظـام، وتصـدر قراراتهـا بالأغلبية، وتعتمد من الوزير المختص.

ويحق لمن صدر ضده قرار من اللجنة بالعقوبة التظلم أمام ديوان المظالم خلال ستين يوماً من تاريخ إبلاغه بقرار العقوبة .

إلا أن المادة الحادية والعشرون عند الحالات الطارئة إزالة المخالفة بدون الرجوع إلى ديوان المظالم

يجوز للجنة المنصوص عليها في الفقرة (2) من المادة العشرين أن تأمر عند الاقتضاء بإزالة المخالفة فوراً دون انتظار صدور قرار ديوان المظالم في التظلم أو في الدعوى حسب الأحوال.

الباب الثالث
البيئة في الإسلام

الأهداف المتوخاة من الباب الثالث

ينبغي على الطالب حال دراسته للباب الثالث البيئة في الإسلام أن يصبح ملما بالقواعد والأساسيات التالية :

1. معرفة مفهوم البيئة في الإسلام والتعريفات الاصطلاحية لهذا المفهوم
2. مكونات البيئة التي ذكرت في القرأن الكريم والسنة النبوية
3. لماذا الاهتمام بالبيئة واجب على المسلم ؟
4. دور الإسلام في ترسيخ القيم البيئية لدى المسلمين
5. دور المجتمع المسلم في الحفاظ على البيئة

تمهيد

فقد خلق الله -Y- الإنسان، وهيأ له أسباب الحياة في الدنيا ومهد له أسباب العيش فيها، وجعل له من كل شيء سببًا، وقدّر له في الأرض ما يقيم حياته ويصونه، ولم يترك الإسلام شاردة ولا واردة إلا كان له فيها تشريع وتقنين، أمر ونهي، تحذير وتوجيه، وإذا تأملنا في البيئة بمدلولها الشامل لوجدناها قد حظيت بقدر عظيم من الاهتمام، ولقد وضع الإسلام الإطار العام لقانون حماية البيئة في قوله جل جلاله : [وَلاَ تُفْسِدُواْ فِي الأَرْضِ بَعْدَ إِصْلاَحِهَا ذَلِكُمْ خَيْرٌ لَّكُمْ إِن كُنتُم مُّؤْمِنِينَ (1)، وقال جل شأنه : [وَلاَ تَعْثَوْاْ فِي الأَرْضِ مُفْسِدِينَ] (2)، وقال تعالى : [وَلَا تَبْغِ الْفَسَادَ فِي الْأَرْضِ إِنَّ اللَّهَ لَا يُحِبُّ الْمُفْسِدِينَ](3)(4).

إن حماية البيئة وعدم الإضرار بها والاعتداء على مكوناتها واجب شرعي على المسلمين،فالإنسان جزء منها وهي مقر سكناه وفيها مأواه، ومكوناتها إنما مسخرة من خالق الأرض والسموات لينتفع بها البشر بلا إسراف أو تعدي ،وهذه المكونات إنما هي نعم توجب على العباد الشكر للذي أوجدها.

---

(1) سورة الأعراف، آية (85) .
(2) سورة البقرة، آية (60) .
(3) سورة القصص، آية (77) .
(4) منظمة المؤتمر الإسلامي - الدورة التاسعة عشرة إمارة الشارقة دولة الإمارات العربية المتحدة البيئة والحفاظ عليها من منظور إسلامي إعداد أ.د/ محمد بن يحيى بن حسن النجيمي الأستاذ بكلية الملك فهد الأمنية

الفصل الأول

مفهوم البيئة في الإسلام

المبحث الأول :تعريف البيئة ومكوناتها (1)

المطلب الأول: تعريف البيئة

الفرع الأول :تعريف البيئة لغة

البيئة في اللغة من الفعل (بوأ)، وله معان عدة، فبوأه منزلا: نزل به إلى سند جبل، وبوأه له وبوأه فيه: هيأه له وانزله ومكن له فيه،(وتبوأ): نزل وأقام، ومنه في القرآن الكريم:(أَنْ تَبَوَّأَا لِقَوْمِكُمَا بِمِصْرَ بُيُوتاً وَاجْعَلُوا بُيُوتَكُمْ قِبْلَةً وَأَقِيمُوا الصَّلاةَ (2)

أي اتخذوا، والاسم البيئة بمعنى المنزل، وقد ذكر أبن منظور لكلمة (تبوأ) معنيين قريبين من بعضهما:

الأول: بمعنى إصلاح المكان وتهيئته للمبيت فيه0

الثاني: النزول والإقامة. (3)

---

(1) بحث مقدم إلى مؤتمر كلية العلوم الإسلامية، الدكتور سلمان عبود يحيى الجبوري بعنوان :القاعدة الفقهية :(لا ضرر ولا ضرار) وأثرها في حماية البيئة شباط2010م

(2) سورة يونس:87

(3) لسان العرب، لأبن منظور، دار صادر بيروت، ط6سنة1997، باب الهمزة، فصل الباء38/1-39، وينظر: البيئة مشاكلها وقضاياها وحمايتها من التلوث، (رؤية إسلامية) للمهندس محمد عبد القادر ألفقي، مكتبة ابن سينا، القاهرة، د0ت0 ص8

الفرع الثاني : تعريف البيئة في الاصطلاح

تعددت تعريفات العلمـاء للبيئـة، وسـبب ذلك أن لفظ البيئـة لفظ شـائع الاستخدام.

التعريف الأول : هي الإطـار الـذي يعيـش فيـه الإنسـان بمـا يضم من ظاهرات طبيعية، وبشرية، يتأثر ويؤثر بها، ويحصل على مقومـات حياتـه من غذاء وكساء ومأوى، ويمارس فيه علاقاته مع أقرانه من البشر. (1)

التعريف الثاني: هي المكان الذي نتخذ منه موطنا ومعاشا بكل ما تحمله هذه العبارة من معنى. (2)

التعريـف الثالـث: هـي كـل شـيء يحيـط بالإنسـان (3)، ولفظ(كـل) فـي التعريف يفيد معنى عـام فالبيئـة وفق هـذا التعريف ليسـت المـاء والهـواء والمعـادن والنبـات والحيـوان فحسـب ،بـل هـي رصيـد المـوارد المتاحـة للإنسان (4)

---

(1) ينظر: البيئة ومشكلاتها لحمد وصابريني، المجلس الوطني للثقافة والفنون والآداب، الكويت ط2 سنة 1984 ص14

(2) ينظر: قـانون حمايـة البيئـة فـي ضـوء الشـريعة الإسـلامية، لماجـد الحلـو، دار المطبوعـات الجامعية، الإسكندرية ص 31-32

(3) ينظر: ا لموسوعة البيئية العربية، لسعيد الحفار، جامعة قطر، طبعة سنة 1998، 136/1 ص20

(4) ينظر: البيئة ومشكلاتها لحمد وصابريني ص 28

المطلب الثاني: مكونات البيئة في القرآن الكريم (1)

تحدَّث القرآن الكريم عن مُكوِّنات البيئة، فأجملَها في آيات، وفصَّل بعضها في آيات أُخرى، ولعلَّ الإشارة إليها جميعًا جاءت في قوله ـ تعالى ـ:﴿ وَسَخَّرَ لَكُمْ مَا فِي السَّمَوَاتِ وَمَا فِي الْأَرْضِ جَمِيعًا مِنْهُ إِنَّ فِي ذَلِكَ لَآيَاتٍ لِقَوْمٍ يَتَفَكَّرُونَ ﴾(2)

ومن المكونات التي جاء ذكرها في القرآن: السماء والأرض والنبات والماء والهواء والحيوان :

أولا : السماء

ذكرت السماء في القرآن 120 مرة(3)، وهي زينة لفضاء الأرض ومصدر للجمال،قال تعالى: (وَلَقَدْ زَيَّنَّا السَّمَاء الدُّنْيَا بِمَصَابِيحَ وَجَعَلْنَاهَا رُجُوماً لِّلشَّيَاطِينِ وَأَعْتَدْنَا لَهُمْ عَذَابَ السَّعِيرِ). (4)

─────────────────────

(1) مكونات البيئة بحث منشور على موقع الألوكة للدكتور سامي عبد السلام محمد 2013/9/8م
(2) الجاثية:13
(3) ينظر:المعجم المفهرست لألفاظ القرآن الكريم، محمد فؤاد عبد الباقي، دار الحديث، القاهرة، ط2، 1988م
(4) سورة الملك : من الآية 5

وهي السقف المحفوظ الذي يحيط بالأرض من جميع جوانبها ليحميها من الإشعاعات الكونية الضارة وليجعل الحياة ممكنة على هذه الأرض [1]

قال تعالى: (وَجَعَلْنَا السَّمَاء سَقْفاً مَّحْفُوظاً وَهُمْ عَنْ آيَاتِهَا مُعْرِضُونَ) [2]

وهي مصدر الماء الذي به حياة كل شيء،قال تعالى: (أَمَّنْ خَلَقَ السَّمَاوَاتِ وَالْأَرْضَ وَأَنزَلَ لَكُم مِّنَ السَّمَاءِ مَاء فَأَنبَتْنَا بِهِ حَدَائِقَ ذَاتَ بَهْجَةٍ مَّا كَانَ لَكُمْ أَن تُنبِتُوا شَجَرَهَا أَإِلَهٌ مَّعَ اللَّهِ بَلْ هُمْ قَوْمٌ يَعْدِلُونَ). [3]

والسماء تحتضن غيرها من المكونات: (إِنَّا زَيَّنَّا السَّمَاء الدُّنْيَا بِزِينَةٍ الْكَوَاكِبِ) [4]

(وَاخْتِلَافِ اللَّيْلِ وَالنَّهَارِ وَمَا أَنزَلَ اللَّهُ مِنَ السَّمَاءِ مِن رِّزْقٍ فَأَحْيَا بِهِ الْأَرْضَ بَعْدَ مَوْتِهَا وَتَصْرِيفِ الرِّيَاحِ آيَاتٌ لِّقَوْمٍ يَعْقِلُونَ). [5]

وتؤكِّد هذه الآيات وغيرها أن الله - سبحانه وتعالى - جعل السماء وما فيها مُسخَّرة للإنسان، وهي حماية له ولرزقه ومعاشه، ومِن ثَمَّ فإن محاوَلة إفسادها

---

(1) ينظر:هندسة النظام البيئي في القران، عبد العليم خضير، دار الحكمة البحرين ط1 /1995م، ص:201

(2) سورة الأنبياء الآية 32

(3) سورة النمل : من الآية 60

(4) سورة الصافات الآية 6

(5) سورة الجاثية الآية 5

إفساد للحياة جميعًا على الأرض، ولذلك أمَرنا الله - سبحانه - بالحِفاظ عليها.[1]

ثانيا : الأرض

هي البيئة الطبيعية للإنسان والحيوان والنبات،جعلها الله عز وجل ذلولا تأتي بمختلف الثمار،قال تعالى: (هُوَ الَّذِي جَعَلَ لَكُمُ الْأَرْضَ ذَلُولاً فَامْشُوا فِي مَنَاكِبِهَا وَكُلُوا مِن رِّزْقِهِ وَإِلَيْهِ النُّشُور) [2]والأرض هي:مخازن المياه كما أشار القرآن الى ذلك (وَأَنزَلْنَا مِنَ السَّمَاءِ مَاءً بِقَدَرٍ فَأَسْكَنَّاهُ فِي الْأَرْضِ وَإِنَّا عَلَى ذَهَابٍ بِهِ لَقَادِرُونَ) [3]

وهي تقوم بعمل المصفاة التي تصفي المياه من الشوائب العالقة فيها، لتخرج من باطنها ماء نقيا فراتا،وتتكون قشرة الأرض من معادن متعددة تدخل في حياة الإنسان من أوسع أبوابها، فالكثير منها يدخل في بناء المادة الحية في جسم الإنسان كالحديد والكالسيوم فضلا عن كونها عصب عملية التصنيع والتشييد،وأشار القران الكريم إلى ما أصاب التربة من تلوث، ونقص ما فيها من

(1) ينظر: الإسلام والاقتصاد، عبد الهادي النجار، المجلس الوطني للثقافة والفنون، الكويت، ط1، ص : 254

(2) سورة الملك الآية 15

(3) سورة المؤمنون الآية 18

المعادن بقوله تعالى : (وَالْبَلَدُ الطَّيِّبُ يَخْرُجُ نَبَاتُهُ بِإِذْنِ رَبِّهِ وَالَّذِي خَبُثَ لاَ يَخْرُجُ إِلاَّ نَكِداً كَذَلِكَ نُصَرِّفُ الآيَاتِ لِقَوْمٍ يَشْكُرُونَ).[1]

فالأرض جيدة التربة يخرج نباتها بإذن ربها، وتلك التي تلوثت وخبثت لا يخرج نباتها إلا قليلا بسبب المواد الغريبة التي اختلطت بها، وخبث الأرض قد يدخل في معناه ندرة المعادن والأملاح الضرورية لحياة النبات ونحوه.[2]

ثالثا : الماء

الماء عصب الحياة ويتشكل منه جسم الإنسان والحيوان والنبات،ولا حياة ولا حضارة أن تستمر بدونه، قال تعالى : (وَجَعَلْنَا مِنَ الْمَاءِ كُلَّ شَيْءٍ حَيٍّ أَفَلَا يُؤْمِنُونَ)[3]

يؤكد انه ما كان للإنسان أن يولد، ولا لجمهرة الكائنات أن توجد، ولا للحياة أن تستمر ،ولا للحضارة أن تزدهر لو غاض الماء، وانقطع خير السماء.[4]

والماء ينزل من السماء بقدر، قال تعالى :(وَأَنزَلْنَا مِنَ السَّمَاءِ مَاءً بِقَدَرٍ فَأَسْكَنَّاهُ فِي الْأَرْضِ وَإِنَّا عَلَى ذَهَابٍ بِهِ لَقَادِرُونَ).[5]

(1) سورة الأعراف الآية58
(2) ينظر:هندسة النظام البيئي في القرآن الكريم، دار الحكمة، البحرين ط1، 1995م، ص: 85-86
(3) سورة الأنبياء الآية 30
(4) ينظر:عناصر الإنتاج في الاقتصاد الإسلامي، د0صالح العلي، دار، اليمامة، دمشق، ط1 - 2000م، ص:164
(5) سورة المؤمنون الآية 18

ونزوله بقدر يعني انـه لا ينـدر بحيـث يعجـز عـن إحيـاء الأرض، ولا يزيد بحيث يغرق الأرض، ويقضي على الحرث والنسل، فهـو ينـزل بقـدر يسلم معه الناس من المضـرة ويصـلون إلـى المنفعـة فـي الـزرع والغـرس والشرب [1]

إلا أن ذلك مشـروط بالحفـاظ عليـه وشـكر نعمتـه، فبـالرغم مـن وجـوده بكثرة إذ يغطي ً71% تقريبا من سطح الأرض، إلا أن المياه العذبة منه لا تزيد نسبتها على 2%بما فيها من مياه متجمـدة علـى هيئـة ثلـج وجليـد فـي القطبين [2]

فالمياه التي تنزل من السماء تستخدم للشرب ولإنبات الزرع، وأصـناف الأشـجار والثمـار ولهـذا فـان إفسـادها كفـر بنعمـة الله عـز وجـل ومنـذر بزوالها، قال تعالى: (أَفَرَأَيْتُمُ الْمَاء الَّذِي تَشْرَبُونَ{68} أَأَنتُمْ أَنزَلْتُمُوهُ مِنَ الْمُزْنِ أَمْ نَحْنُ الْمُنزِلُونَ{69} لَوْ نَشَاء جَعَلْنَاهُ أُجَاجاً فَلَوْلَا تَشْكُرُونَ).[3]

والماء الذي هو الحياة لكل كائن، فان الله عز وجل جعله حقا شائعا بين بني آدم وكل المخلوقات قال صلى الله عليه وسلم : " الناس شركاء في ثلاث :

(1) ينظر: مفاتيح الغيب، للإمام الرازي، دار الفكر، بيروت، 1993م، مجلد 14، ج24/27
(2) ينظر:البيئة ومشكلاتها، ص: 44
(3) سورة الواقعة الآيات 68 – 70

الماء والكلأ والنار" (1)، وعلى هذا فان إفساد الماء من قبل بعض الناس يعني إسقاط حق الآخرين فيه، وتضييع ما اعد الله لعباده ومكنهم فيه. (2)

وهذا ما تنبأ به القرآن الكريم، قال الله تعالى : (ظَهَرَ الْفَسَادُ فِي الْبَرِّ وَالْبَحْرِ بِمَا كَسَبَتْ أَيْدِي النَّاسِ لِيُذِيقَهُم بَعْضَ الَّذِي عَمِلُوا لَعَلَّهُمْ يَرْجِعُونَ). (3)

رابعا : الهواء(4)

جعله الله تعالى ملكا للجميع، ولو أمكن للإنسان التسلط على الهواء لباعه واشتراه وتقاتل عليه كما فعل في أكثر الأشياء التي سخرها المولى له، وجعلها أمانة في عنقه، والهواء هو مادة النفَس الذي لو انقطع ساعة عن الإنسان أو الحيوان لمات، ولولاها ما جرت الفُلك. (5)

---

(1) ينظر: سنن ابن ماجه، رقم الحديث 2472، (3: 176) وقال ابن الأثير في جامع الأصول: "وقوله: ((النـاس شركاء فـي ثـلاث: فـي المـاء، والكـلأ، والنـار))، أراد بالمـاء: مـاء السمـاء، والعيون التي لا مالك لها، وأراد بالكلأ: مراعي الأرضين التي لا يَملكها أحد، وأراد بالنـار : الشجر الذي يَحتطبه الناس، فينتفعون به"؛ ينظـر: جامع الأصول، ابن الأثير الجزري، ت: عبد القادر الأرنـاؤوط، دار البيان، ط1: 1969م، (1: 485) .

(2) ينظر: الإسلام والاقتصاد، ص:262

(3) سورة الروم الآية 41

(4) يذكر تحت مسمى السماء أحيانا ويفرد أحيانا لبيان أهميته.

(5) ينظر: مفاتيح الغيب، 4 / 223 .

يحيط الهواء بالأرض من جميع إطرافها، ويرتفع فوقها الى مسافة 16 كلم تقريبا وهو خليط غازي مؤلف من الأوكسجين والنتروجين والأرغون وثاني أوكسيد الكربون والهيدروجين وغازات أخرى بنسب في غاية الدقة. (1)

وقد جاء ذكر الهواء في القران الكريم بلفظ الريح والرياح، وهي الهواء المتحرك في الطبقات المحيطة بالأرض .(2)

قال تعالى : (وَاخْتِلَافِ اللَّيْلِ وَالنَّهَارِ وَمَا أَنزَلَ اللَّهُ مِنَ السَّمَاءِ مِن رِّزْقٍ فَأَحْيَا بِهِ الْأَرْضَ بَعْدَ مَوْتِهَا وَتَصْرِيفِ الرِّيَاحِ آيَاتٌ لِّقَوْمٍ يَعْقِلُونَ). (3)

وقال تعالى : (مَّثَلُ الَّذِينَ كَفَرُواْ بِرَبِّهِمْ أَعْمَالُهُمْ كَرَمَادٍ اشْتَدَّتْ بِهِ الرِّيحُ فِي يَوْمٍ عَاصِفٍ لاَّ يَقْدِرُونَ مِمَّا كَسَبُواْ عَلَى شَيْءٍ ذَلِكَ هُوَ الضَّلاَلُ الْبَعِيدُ). (4)

وقد أشار القران الكريم إلى وظيفة الرياح أو الهواء في قوله تعالى:(إِنَّ فِي خَلْقِ السَّمَاوَاتِ وَالأَرْضِ وَاخْتِلاَفِ اللَّيْلِ وَالنَّهَارِ وَالْفُلْكِ الَّتِي تَجْرِي فِي الْبَحْرِ بِمَا يَنفَعُ النَّاسَ وَمَا أَنزَلَ اللّهُ مِنَ السَّمَاءِ مِن مَّاء فَأَحْيَا بِهِ الأرْضَ بَعْدَ مَوْتِهَا وَبَثَّ فِيهَا مِن كُلِّ دَآبَّةٍ وَتَصْرِيفِ الرِّيَاحِ وَالسَّحَابِ الْمُسَخِّرِ بَيْنَ السَّمَاء وَالأَرْضِ لآيَاتٍ لِّقَوْمٍ يَعْقِلُونَ) (5)

---

(1) ينظر: من علوم الأرض القرآنية، عدنان الشريف، دار العلم بيروت ط1994/2م، ص: 83 .
(2) ينظر: معجم ألفاظ القران الكريم : 1 / 522 .
(3) سورة الجاثية الآية 5
(4) سورة إبراهيم الآية 18
(5) سورة البقرة الآية 164

فهي تارة تأتي بالرحمة وتارة تأتي بالعذاب وتارة تأتي مبشرة بين يدي السحاب وتارة تسوقه وتارة تجمعه وتارة تفرقه وتارة تصرفه،(1)مع اختلاف جهاتها .

خامسا : النبات

الإنسان يعتمد على النبات كمصدر للغذاء له ولماشيته، فما يأكله أما أن يتكون من منتجات نباتية أو من منتجات الحيوان الذي يتغذى على النبات(2) لذلك كان الأكل من النبات هو أولى المنافع التي امتن الله عز وجل بها على عباده في القران الكريم، قال تعالى : (وَهُوَ الَّذِي أَنشَأَ جَنَّاتٍ مَّعْرُوشَاتٍ وَغَيْرَ مَعْرُوشَاتٍ وَالنَّخْلَ وَالزَّرْعَ مُخْتَلِفاً أُكُلُهُ وَالزَّيْتُونَ وَالرُّمَّانَ مُتَشَابِهاً وَغَيْرَ مُتَشَابِهٍ كُلُواْ مِن ثَمَرِهِ إِذَا أَثْمَرَ وَآتُواْ حَقَّهُ يَوْمَ حَصَادِهِ وَلاَ تُسْرِفُواْ إِنَّهُ لاَ يُحِبُّ الْمُسْرِفِينَ) (3)، والنبات هو المصدر الأول للأوكسجين الذي لا يستغني عنه كائن وقد أشار القران الكريم الى ذلك حينما ربط بين الشجر الأخضر والنار التي لا توقد إلا بالأوكسجين بقوله تعالى : (الَّذِي جَعَلَ لَكُم مِّنَ الشَّجَرِ الْأَخْضَرِ نَاراً فَإِذَا أَنتُم مِّنْهُ تُوقِدُونَ) (4)، وهو الذي يحمي التربة من الأثر المباشر

---

(1) ينظر: تفسير القران العظيم، لابن كثير، أحياء التراث الإسلامي، الكويت، 1 / 354 – 355
(2) ينظر: الإسلام والاقتصاد، ص : 263 – 264
(3) سورة الأنعام الآية 141
(4) سورة يس الآية 80

للمطر الساقط ويستخدم خشبه في صناعات عديدة إضافة إلى الأوراق والفروع التي تسقط من الأشجار تزيد في خصوبة التربة السطحية، والأشجار هي مأوى للطيور ولحيوانات كثيرة، ولذلك فان القران الكريم يتحدى أن يأتي مخلوق بشجرة من العدم، ليبين أهمية هذه النعمة وبالتالي ضرورة صيانتها وحفظها وتنميتها[1] قال تعالى:(أَأَنتُمْ أَنشَأْتُمْ شَجَرَتَهَا أَمْ نَحْنُ الْمُنشِؤُونَ) [2]

سادسا : الحيوان :

ورد في القرآن أسماء بعض الحيوانات ؛ فتارة نجد سورا منه مسماة باسم الحيوانات مثل سورة : البقرة، والأنعام ،و النحل ،والنمل ،و العنكبوت ،و العاديات ،والفيل تنبيها للإنسان إلى إن في دراسة كل خلق من مخلوقات الله - وخاصة التي سماها في كتابه- سبيلا علميا قد يقود إلى الإيمان [3] وتارة نجده ذكر أنواعا منها في مناسبات عدة سواء منه الدواب والطيور والحشرات وحتى حيوانات الماء 0فمن الدواب التي ذكرها القران : الضأن والمعز (ثَمَانِيَةَ أَزْوَاجٍ مِّنَ الضَّأْنِ اثْنَيْنِ وَمِنَ الْمَعْزِ اثْنَيْنِ قُلْ آلذَّكَرَيْنِ حَرَّمَ أَمِ الأُنثَيَيْنِ أَمَّا اشْتَمَلَتْ عَلَيْهِ أَرْحَامُ الأُنثَيَيْنِ نَبِّؤُونِي بِعِلْمٍ إِن كُنتُمْ صَادِقِينَ)[4] والخنزير (إِنَّمَا حَرَّمَ عَلَيْكُمُ

---

(1) ينظر: هندسة النظام البيئي، ص : 89، 287 .وينظر :الإسلام والاقتصاد، ص: 264
(2) سورة الواقعة الآية 72
(3) ينظر:من علوم الأرض القرآنية، ص: 163
(4) سورة الأنعام : من الآية 143

الْمَيْتَةَ وَالدَّمَ وَلَحْمَ الْخِنزِيرِ وَمَا أُهِلَّ بِهِ لِغَيْرِ اللهِ فَمَنِ اضْطُرَّ غَيْرَ بَاغٍ وَلاَ عَادٍ فَلا إِثْمَ عَلَيْهِ إِنَّ اللهَ غَفُورٌ رَّحِيمٌ) (1) والكلب (وَتَحْسَبُهُمْ أَيْقَاظاً وَهُمْ رُقُودٌ وَنُقَلِّبُهُمْ ذَاتَ الْيَمِينِ وَذَاتَ الشِّمَالِ وَكَلْبُهُم بَاسِطٌ ذِرَاعَيْهِ بِالْوَصِيدِ لَوِ اطَّلَعْتَ عَلَيْهِمْ لَوَلَّيْتَ مِنْهُمْ فِرَاراً وَلَمُلِئْتَ مِنْهُمْ رُعْباً) (2)، والخيل والبغال والحمير :(وَالْخَيْلَ وَالْبِغَالَ وَالْحَمِيرَ لِتَرْكَبُوهَا وَزِينَةً وَيَخْلُقُ مَا لاَ تَعْلَمُونَ)(3)، والذئب (قَالَ إِنِّي لَيَحْزُنُنِي أَن تَذْهَبُواْ بِهِ وَأَخَافُ أَن يَأْكُلَهُ الذِّئْبُ وَأَنتُمْ عَنْهُ غَافِلُونَ) (4)، ومن الطيور : الغراب (فَبَعَثَ اللهُ غُرَاباً يَبْحَثُ فِي الأَرْضِ لِيُرِيَهُ كَيْفَ يُوَارِي سَوْءَةَ أَخِيهِ قَالَ يَا وَيْلَتَا أَعَجَزْتُ أَنْ أَكُونَ مِثْلَ هَـذَا الْغُرَابِ فَأُوَارِيَ سَوْءَةَ أَخِي فَأَصْبَحَ مِنَ النَّادِمِينَ) (5)، والهدهد (وَتَفَقَّدَ الطَّيْرَ فَقَالَ مَا لِيَ لَا أَرَى الْهُدْهُدَ أَمْ كَانَ مِنَ الْغَائِبِينَ)(6)0 ومن الحشرات : النمل (حَتَّى إِذَا أَتَوْا عَلَى وَادِي النَّمْلِ قَالَتْ نَمْلَةٌ يَا أَيُّهَا النَّمْلُ ادْخُلُوا مَسَاكِنَكُمْ لَا يَحْطِمَنَّكُمْ سُلَيْمَانُ وَجُنُودُهُ وَهُمْ لَا يَشْعُرُونَ(7) والذباب (يَا أَيُّهَا النَّاسُ ضُرِبَ مَثَلٌ فَاسْتَمِعُوا لَهُ إِنَّ الَّذِينَ تَدْعُونَ مِن دُونِ اللَّهِ لَن

---

(1) سورة البقرة : من الآية 173
(2) سورة الكهف : من الآية 18
(3) سورة النحل الآية 8
(4) سورة يوسف الآية 13
(5) سورة المائدة الآية 31
(6) سورة النمل الآية 20
(7) سورة النمل الآية 18

يَخْلُقُوا ذُبَاباً وَلَوِ اجْتَمَعُوا لَـهُ وَإِن يَسْلُبْهُمُ الـذُّبَابُ شَـيْئاً لَّا يَسْتَنقِذُوهُ مِنْـهُ ضَعُفَ الطَّالِبُ وَالْمَطْلُوبُ)[1]0وجعل الله تعـالى هـذه الحيوانـات مسخرة لمنفعـة الإنسـان،ومنافعها شتى،وبين القرآن وكذلك السنة أوجـه الحـلال والحـرام في هـذا الانتفـاع،ومع أباحـة صيد الحيوان المستفاد مـن قولـه تعالى:(وإذا حللتم فاصطادوا) [2] ،فإن هذه الإباحـة لا تعني القضـاء على جنس الحيـوان المبـاح صيده،وإلا أدى ذلك إلى اختلال التـوازن البيئي ،فكان الصيد مشروطا بالمحافظـة على بقاء جنس الحيوان للحفاظ على توازن البيئة ،وعدم حرمان الأجيال القادمة من الانتفاع منه.[3]

---

(1) سورة الحج الآية 73
(2) سورة المائدة:2
(3) ينظر:الإسلام والاقتصاد، لعبد الهادي النجار، ص270

المبحث الثاني : الإسلام وحماية البيئة(1)

إن حماية البيئة، واجب كل إنسان؛ لأن المجتمع الراقي هو الذي يحافظ علي بيئته، ويحميها من أي تلوث أو أذى؛ لأنه جزء منها، و لأنها مقر سكناه وفيها مأواه، ولأنها عنوان هويته، ودليل سلوكه وحضارته، وكما يتأثر الإنسان ببيئته فإن البيئة تتأثر أيضا بالإنسان.

وجاءت التوجيهات الدينية حاملة بين طياتها الدعوة المؤكدة للحفاظ على البيئة، برًّا وبحرا وجوًّا، وإنسانا، وحيوانا، ونباتا، وبناء إلى غير ذلك من مفردات البيئة، لأنها جميعا منظومة واحدة، لكيان واحد.

فدعا الإسلام إلى الحفاظ على نظافتها وطهارتها وجمالها وقوتها وسلامتها، ونقاء من فيها والمحافظة عليه.

وإن الإسلام هو دين النظافة.. حثَّ عليها، ودعا إليها، وجعلها شرطا لصحة الصلاة التي هي عماد الدين، من أقامها فقد أقام الدين ومن هدمها فقد هدم الدين.

فمن شروط صحة الصلاة: طهارة الثوب والبدن والمكان وأمر الإسلام بالطهارة من الحدث الأكبر في الجنابة، وذلك بالغسل، ومن الحدث الأصغر

(1) الإسلام وحماية البيئة، للباحث الدكتور احمد عمر هاشم، منشور على الرابط http://muntada.islamtoday.net/t21807.html وقد قمت بتخريج جميع الأحاديث الواردة في هذا البحث .

بالوضوء قال الله تعالى: [يَا أَيُّهَا الَّذِينَ آمَنُوا إِذَا قُمْتُمْ إِلَى الصَّلَاةِ فَاغْسِلُوا وُجُوهَكُمْ وَأَيْدِيَكُمْ إِلَى الْمَرَافِقِ وَامْسَحُوا بِرُءُوسِكُمْ وَأَرْجُلَكُمْ إِلَى الْكَعْبَيْنِ ۚ وَإِنْ كُنْتُمْ جُنُبًا فَاطَّهَّرُوا ۚ وَإِنْ كُنْتُمْ مَرْضَىٰ أَوْ عَلَىٰ سَفَرٍ أَوْ جَاءَ أَحَدٌ مِنْكُمْ مِنَ الْغَائِطِ أَوْ لَامَسْتُمُ النِّسَاءَ فَلَمْ تَجِدُوا مَاءً فَتَيَمَّمُوا صَعِيدًا طَيِّبًا فَامْسَحُوا بِوُجُوهِكُمْ وَأَيْدِيكُمْ مِنْهُ ۚ مَا يُرِيدُ اللَّهُ لِيَجْعَلَ عَلَيْكُمْ مِنْ حَرَجٍ وَلَٰكِنْ يُرِيدُ لِيُطَهِّرَكُمْ وَلِيُتِمَّ نِعْمَتَهُ عَلَيْكُمْ لَعَلَّكُمْ تَشْكُرُونَ] (1)

ولأهمية الوضوء وأثره، بين الرسول صلى الله عليه وسلم أن ما يترتب عليه من نور يشع من جباه أصحابه وسيقانهم وهو ما يسمي بالغرة والتحجيل يوم القيامة يكون هذا علامة تتميز بها الأمة الإسلامية، عن أبي هريرة رضي الله عنه أنَّ رسولَ اللهِ صلَّى اللهُ عليهِ وسلَّمَ أتى المقبرةَ فقال: السلامُ عليكُمْ دارَ قومٍ مُؤمنينَ . وإنا، إنْ شاء اللهُ، بكمْ لاحقونَ . وددتُ أنا قدْ رأينا إخوانَنا قالوا : أولسنَا إخوانَك يا رسولَ اللهِ ؟ قال أنتمْ أصحابي . وإخوانُنا الذين لمْ يأتوا بعدُ .فقالوا : كيفَ تعرفُ منْ لم يأتِ بعدُ من أمتكِ يا رسولِ اللهِ ؟ فقال أرأيتَ لو أنَّ رجلًا لهُ خيلٌ غرٌّ محجَّلةٌ . بين ظهري خيلٍ دهمٍ بهمْ . ألا يعرف خيلَهُ ؟ قالوا : بلى . يا رسولَ اللهِ ! قال فإنهمْ يأتونَ غرًا مُحجَّلينَ منَ الوضوءِ . وأنا فرَطُهمْ على الحوضِ . ألا ليذادنَّ رجالٌ عنْ حوضِي كما يذادُ البعيرُ الضالُّ . أُناديِهم :

---

(1) سورة المائدة الآية 6

ألا هلُمَّ ! فيقال : إنهمْ قد بدَّلوا بعدَكَ . فأقولُ : سُحقًا سُحقًا .وفي روايةٍ : وفيهِ فلُيذادنَّ رجالٌ عن حوضِي . (1)

ووجه الإسلام أتباعه إلى الغسل يوم الجمعة وجعله من شعائر هذا اليوم المؤكدة حفاظا على صحة الأبدان فقال رسول الله صلى الله عليه وسلم:

" غسلُ يومَ الجمعةِ واجبٌ على كلِّ محتلمٍ" (2)، وذلك حتى لا يتكاسل بعض الناس عن الاغتسال مادام لا يوجد سبب من الأسباب يفرضه فحث عليه حثا مؤكدا في كل يوم جمعة، حيث يخرج بعده المصلي ليلتقي في بيت الله تعالى بإخوانه المصلين، وتتلقَّاه ملائكة الله سبحانه وتعالى .

كما حث الإسلام على غسل اليدين عند تناول الطعام وبعد الانتهاء منه، وندب إلى الوضوء لذلك، ويكتفي بغسل الأيدي، قال رسول الله صلى الله عليه وسلم.

" بركة الطعام الوضوء قبله والوضوء بعده"(3) وحث على السواك حفاظا على نظافة الفم بعد تناول الطعام وعند تغير الفم، بل حث الإسلام على استعمال السواك بصورة مؤكدة.

(1) صحيح مسلم
(2) صحيح البخاري
(3) سنن أبي داود (الحديث ضعيف)

عن عائشة رضي الله عنها أنَّ رسولَ اللهِ صلَّى اللهُ عليه وسلَّم قال : (السِّواكُ مَطهَرةٌ للفمِ مَرضاةٌ للرَّبِّ). (1)

المطلب الأول : جمال المنظر ونظافة البيئة(2)

دعا الإسلام أتباعه إلى نظافة مظهرهم وشكلهم وشعرهم قال رسول الله صلى الله عليه وسلم: " من كان له شَعْرٌ فلْيُكرِمْه"(3) فمن السنن تسريح الرأس والمحافظة على حسن المنظر ونظافته وجماله، عن عطاء بن يسار قال:

كان رسولُ اللهِ صلَّى اللهُ عليه وسلَّم في المسجدِ، فدخل رجلٌ ثائرُ الرأسِ واللِّحيةِ، فأشار إليه رسولُ اللهِ صلَّى اللهُ عليه وسلَّم بيدِه ؛ كأنه يأمرُه بإصلاحِ شَعْرِه ولحيتِه، ففعل، ثم رجع ؛فقال رسولُ اللهِ صلَّى اللهُ عليه وسلَّم : أليس هذا خيرًا من أن يأتيَ أحدُكم وهو ثائرُ الرأسِ كأنه شيطانٌ ؟ . ! (4)، هكذا كان رسول الله صلى الله عليه وسلم يوجه المسلمين إلي المحافظة على نظافتهم وحسن مظهرهم ومخبرهم وحسن التجمل في البدن والثوب، ولا يعتبر التجمل وحسن

---

(1) صحيح ابن حبان
(2) الإسلام وحماية البيئة (مرجع سابق)
(3) الراوي : أبو هريرة |المحدث : الألباني |المصدر : صحيح أبي داود
الصفحة أو الرقم | 4163 :خلاصة حكم المحدث : حسن صحيح
(4) الراوي : عطاء بن يسار |المحدث : الألباني |المصدر : تخريج مشكاة المصابيح
الصفحة أو الرقم | 4412 :خلاصة حكم المحدث : إسناده صحيح، لكنه مرسل وقد صح موصولا

المنظر من الكبر؛ لأن النظافة والتجمل من الإيمان، لما لهما من أثر بالغ على حياة الإنسان على نفسيته، وانشراح صدره في سائر أعماله وأموره.

قال رسول الله صلى الله عليه وسلم : "لا يدخلُ الجنَّةَ من كانَ في قلبِه مثقالُ ذرَّةٍ من كبرٍ ولا يدخلُ النَّارَ يعني من كانَ في قلبِه مثقالُ ذرَّةٍ من إيمانٍ قالَ فقالَ لَه رجلٌ إنَّهُ يعجبني أن يَكونَ ثوبي حسنًا ونعلي حسنةً قالَ إنَّ اللَّهَ يحبُّ الجمالَ ولَكنَّ الكبرَ من بطرَ الحقَّ وغمصَ النَّاسَ. (1)

المطلب الثاني : نظافة البيئة المحيطة

أمر الرسول صلى الله عليه وسلم بتنظيف الأفنية حيث قال:" إنَّ اللهَ تعالى طَيِّبٌ يحبُّ الطَّيِّبَ، نظيفٌ يحبُّ النظافةَ، كريمٌ يحبُّ الكَرَمَ، جَوَادٌ يحبُّ الجُودَ، فنَظِّفُوا أفنيتَكم، ولا تَشَبَّهُوا باليهودِ". (2)، ويحث الإسلام على المحافظة على البيئة، وتنحية الأذى عنها؛ ففي الحديث قال صلى الله عليه وسلم : " كلُّ سُلامَى من الناسِ عليه صدقةٌ، كلَّ يومٍ تطلُعُ فيه الشمسُ، يعدلُ بينَ الاثنينِ صدقةٌ، ويعينُ الرجلَ على دابتِه فيحملُ عليها، أو يرفعُ عليها متاعَه صدقةٌ، والكلمةُ الطيبةُ صدقةٌ، وكلُّ خطوةٍ يخطوها إلى الصلاةِ صدقةٌ، ويميطُ

---

(1) الراوي : عبد الله بن مسعود |المحدث : الألباني |المصدر : صحيح الترمذي الصفحة أو الرقم | 1999 :خلاصة حكم المحدث : صحيح

(2) الراوي : سعد بن أبي وقاص |المحدث : الألباني |المصدر : ضعيف الجامع الصفحة أو الرقم | 1616 :خلاصة حكم المحدث : ضعيف

الأذَى عن الطريقِ صدقةٌ [1] وكلمة الأذى تشتمل على كل ما يضر ويؤذي مثل الشوك والحجر في الطريق والنجاسة وغير ذلك من كل ما هو مؤذ ومستقذر.

وإماطة الأذى عن الطريق من شعب الإيمان، كما جاء في الحديث الذي قال فيه الرسول صلى الله عليه وسلم :الإيمان بضع وسبعون أو بضع وستون شعبة فأفضلها قول لا إله إلا الله وأدناها إماطة الأذى عن الطريق، والحياء شعبة من شعب الإيمان" [2]

وهنا ندرك أن النظافة وتنحية الأذى عن طريق الناس لها ارتباط كبير بالإيمان بل إنها من شعبه التي لا يكتمل الإيمان إلا بها. وبهذا يتضح لنا، أن النظافة من الإيمان بحق.

وحرصا من الإسلام على وقاية البيئة من الأذى أمر بالمحافظة على الماء ونهى عن تلوثه ؛ فقد نهى النبي صلي الله عليه وسلم، أن يبال في الماء فقال صلى الله عليه وسلم : " لا يبولن أحدكم في الماء الدائم ثم يتوضأ فيه فإن عامة الوسواس منه [3]، لأن البول في الماء الراكد الذي لا يتحرك يلوّث الماء ويفسده ويصبح مصدر عدوي ومرض وأذى لمن يستعمل هذا الماء الذي ألقي بالأذى فيه، بل ليس النهي مقصورا على الماء الراكد بل أيضا كان النهي عن البول في

---

(1) صحيح البخاري
(2) رواه البخاري ومسلم
(3) رواه البخاري ومسلم والترمذي

الماء الجاري؛ فقد نهي رسول الله صلي الله عليه وسلم أن يبال في الماء الجاري(1)؛ لأن فيه تلويثا للماء وإفسادا له كما نهي عن التبرز في الأماكن التي يمر بها الناس أو قد يجلسون عندها كأماكن الظل في الطريق وفي القرى ونحوها عن معاذ رضي الله عنه قال: قال رسول الله صلي الله عليه وسلم: " اتقوا الملاعن الثلاثة: البراز في الماء، وقارعة الطريق والظل" (2)

والمعنى أن هذه الأمور تكون سببا في لعن صاحبها، قال عليه الصلاة والسلام:

" مَنْ آذَى المسلمينَ في طُرُقِهِمْ، وجَبَتْ عليهِ لَعْنَتُهُمْ ". (3)

حق الطريق**ومن أهم الأمور التي يجب الحفاظ عليها الطريق العام الذي يمر الناس فيه، فيجب الحفاظ عليه وعلى نظافته، وألا يلقي الناس فيه أذى بل عليهم أن يمنعوا الأذى عنه عن أبي سعيد الخدري رضي الله عنه عن النبي صلى الله عليه وسلم قال: " إياكم والجلوسَ في الطرقاتِ. قالوا : يا رسولَ اللهِ ! ما لنا بُدٌّ من مجالسِنا. نتحدثُ فيها . قال رسولُ اللهِ صلَّى اللهُ عليهِ وسلمَ :فإذا أبيتم إلا**

---

(1) رواه ابن ماجه

(2) رواه أبو داود

(3) الراوي : حذيفة بن أسيد الغفاري |المحدث : الألباني |المصدر : صحيح الترغيب الصفحة أو الرقم :148 خلاصة حكم المحدث : حسن

المجلسَ، فأعطوا الطريقَ حقَّه . قالوا :وما حقُّه ؟ قال : غضُّ البصرِ، وكفُّ الأذى، وردُّ السلامِ، والأمرُ بالمعروفِ، والنهيُ عن المنكرِ" . (1)

والمراد بكف الأذى، منع كل ما يؤذي الناس الذين يمرون في الطريق فلا يحل إيذاء أحد من المارين في الطريق باللسان عن طريق الكلام في حقه، ولا الإيذاء باليد، ولا الإيذاء برمي بعض الفضلات أو المهملات أو قشور بعض الفاكهة التي يتأذي بسببها بعض من يمرون بالطريق.

---

(1) صحيح مسلم

الفصل الثاني

الإسلام وترسيخ القيم الحضارية البيئية (1)

المبحث الأول : دور الإسلام في ترسيخ القيم البيئية

الإسلام بتشريعاته هو أول من أسَّس ووضع اللبنات الدقيقة في كل صغيرة وكبيرة لشؤون البيئة، التي ما زالت المنظمات البيئيَّة والمنظمات الحكوميَّة الدوليَّة ترفع لها شعاراتٍ صباح مساء، وتعقد لها المؤتمرات تلو الأخرى (2)

رحم الله الشاعر إذ يقول:أَعْمَى يَقُودُ بَصِيرًا لاَ أَبَا لَكُمُ قَدْ ضَلَّ مَنْ كَانَتِ الْعُمْيَانُ تَهْدِيهِ

فلو أخذنا على سبيل المثال لا الحصر مصطلح (العدالة البيئيَّة)، هذا المصطلح من يمعن النظر فيه يرى أن جذورد مترسخة وثابتة في ما سنَّته شريعتنا السمحة، من ذلك قوله - تعالى -: ﴿ مَنْ قَتَلَ نَفْسًا بِغَيْرِ نَفْسٍ أَوْ فَسَادٍ فِي الْأَرْضِ فَكَأَنَّمَا قَتَلَ النَّاسَ جَمِيعًا وَمَنْ أَحْيَاهَا فَكَأَنَّمَا أَحْيَا النَّاسَ جَمِيعًا ﴾ [المائدة: 32]

ولله در الشاعر إذ يقول: أَلَمْ تَرَ أَنَّ السَّيْفَ يَنْقُصُ قَدْرُهُ إِذَا قِيلَ: إِنَّ السَّيْفَ أَمْضَى مِنَ العَصَا

(1) بحث د. مولاي المصطفى البرجاوي منشور على الرابط http://www.alukah.net/culture/0/24503/#ixzz3uKEGzWGl

(2) (مؤتمر تبليسي، ومؤتمر ريو دي جانيرو، ومؤتمر كيوتو، مؤتمر جوهانسبورغ)

وقوله تعالى : ﴿ أَوَمَنْ كَانَ مَيْتًا فَأَحْيَيْنَاهُ وَجَعَلْنَا لَهُ نُورًا يَمْشِي بِهِ فِي النَّاسِ كَمَنْ مَثَلُهُ فِي الظُّلُمَاتِ لَيْسَ بِخَارِجٍ مِنْهَا كَذَلِكَ زُيِّنَ لِلْكَافِرِينَ مَا كَانُوا يَعْمَلُونَ﴾[الأنعام: 122].

والمطلع على الأحاديث النبوية سيعلم أن دين الإسلام هو دين سلام، وحفظ الأنفس، ونشر دين النور و الهداية بين جميع البشر على وجه البسيطة.

روى رباح بن ربيعة أنه خرج مع رسول الله - صلى الله عليه وسلم- في غزوة غزاها، فمرَّ رسول الله وأصحابه على امرأة مقتولة، فوقف أمامها، ثم قال: (ما كانت هذه لتقاتل!)) ثم نظر في وجه أصحابه، وقال لأحدهم: (الحق بخالد بن الوليد، فلا يقتلنَّ ذريةً، ولا عسيفًا، ولا امرأةً)(1).

وأوصى الرسول - صلى الله عليه وسلم - جيشه في غزوة مؤتة، وهو يتأهَّب للرحيل: " لا تقتلن امرأةً ولا صغيرًا ضرعًا؛ (أي: ضعيفًا)، ولا كبيرًا فانيًا، ولا تحرقنَّ نخلاً، ولا تقلعنَّ شجرًا ولا تهدموا بيتًا"؛(2)، وعن ابن عباس أن النبي - صلى الله عليه وسلم - كان إذا بعث جيوشًا قال: " لا تقتلوا أصحاب الصوامع"(3).

---

(1) أخرجه مسلم في كتاب الجهاد، (8) باب تحريم قتل النساء والصبيان في الحرب، (3/ 1364)، ح (1744)
(2) أخرجه مسلم بنحوه، ح (1731)
(3) أخرجه ابن أبي شيبة في "المصنف"، (6/ 484)، باب من نُهي عن قتله في دار الحرب، كتاب الجهاد، مكتبة الرشد، الرياض، ط 1، 1409، تحقيق يوسف كمال الحوت.

وعلى نفس الهدي سار أبو بكر - رضي الله عنه - إذ قال في وصيته لأمير أول بعثة حربيَّة في عهده وهو أسامة بن زيد، قال له: "لا تخونوا، ولا تغلوا، ولا تغدروا، ولا تمثلوا، ولا تقتلوا طفلاً صغيرًا، ولا شيخًا كبيرًا، ولا امرأةً، ولا تقطعوا نخلاً، ولا تحرقوه، ولا تقطعوا شجرةً مثمرةً، ولا تذبحوا شاةً، ولا بقرةً، ولا بعيرًا إلا لمأكلة، وسوف تمرون على قوم فرَّغوا أنفسهم في الصوامع، فدعوهم وما فرَّغوا أنفسهم له" (1)

هذه الوصية تعد دستورًا لآداب الجهاد في الإسلام، واشتملت على تشريعات؛ للحفاظ على البيئة، حتى في الأوقات الحَرِجَة.

فالرسول - صلى الله عليه وسلم - إذًا حثَّ على حماية البيئة ومكوناتها، هذا في الحرب، ومن باب أولى في السلم، حيث تزخر السنة النبويَّة بالدعوات المتكررة للحفاظ على البيئة.

وللإشارة؛ فالقرآن الكريم ليس كتاب طب، أو صيدلة، أو هندسة، أو علوم، ولكن الإسلام قد جاء للدين والدنيا معًا؛ ﴿ وَمَا مِنْ غَائِبَةٍ فِي السَّمَاءِ وَالْأَرْضِ إِلَّا فِي كِتَابٍ مُبِينٍ ﴾ [النمل: 75]، وجاء لبناء مجتمع مثالي على ظهر الأرض، حيث يكون هذا المجتمع متكاملاً في جميع النواحي: البيئية، والأخلاقية، والسياسيَّة، والاقتصاديَّة، والاجتماعيَّة، والعسكريَّة، وأيضًا الصحيَّة.

---

(1) تاريخ الطبري

أما عن الاستخلاف وعمارة الأرض، فقد شكلت المقصد النبيل في هذه الأرض بعد العبادة؛ يقول الله - تعالى -: ﴿ هُوَ أَنْشَأَكُمْ مِنَ الْأَرْضِ وَاسْتَعْمَرَكُمْ فِيهَا ﴾ [هود: 61]، وليس كما يتوهم البعض من أن نهجر المدنيَّة، والتطور العلمي، والتكنولوجي، والصناعي؛ لنعيش في الفيافي، والطبيعة المتوحشة، كلاَّ! بل علينا أن نكون حريصين في التعامل مع روابط الطبيعة بأدب وحنان - كما ذكرنا آنفًا - فلا نقطعها، أو نتلاعب بها، أو ندمرها بشكل يعجزها عن الإحياء من جديد (التنمية المستدامة)، ونهمل أحكامها، فلقد جاء كل شيء فيها متوازنًا بمقدار وقدر؛ يقول - تعالى -: ﴿ وَكُلُّ شَيْءٍ عِنْدَهُ بِمِقْدَارٍ ﴾ [الرعد: 8]، ويقول أيضًا: ﴿ إِنَّا كُلَّ شَيْءٍ خَلَقْنَاهُ بِقَدَرٍ ﴾ [القمر: 49]

المبحث الثاني : دور المجتمع المسلم في الحفاظ على البيئة (1)

إذا كانت توجهات الإسلام على هذا النحو الذي يربط بين النظافة والإيمان، ويجعل تنحية الأذى من الطريق شعبة من شعب الإيمان فما بالنا نرى بعض المجتمعات تتهاون في النظافة، إن هذه التعاليم الإسلامية تدعو أولئك المفرطين والمقصرين، أن ينظموا حياتهم ومجتمعاتهم وطرقهم وأن يتعاون الجميع على النظافة والتجمل.

وإن ارتباط النظافة بالإيمان يجعل في داخل كل إنسان وفي أعماقه ووجدانه الشعور بالمسئولية، فمن كان عنده إيمان، ووازع ديني لا يمكن أن يهمل في بيئته ولا في نظافة المكان الذي يوجد فيه، والذي يحيط به.. وإذا كان وقع بعض الناس وبعض المجتمعات يدل علي التفريط فإن صدق الإيمان يستوجب عليهم أن يبادروا بالنظافة وبالمحافظة علي البيئة وعلي حقوق الطريق كما بينها رسول الله صلى الله عليه وسلم.

وواجب المجتمع أن ينهض بتطبيق التعاليم الإسلامية التي تدعو إلى المحافظة على النظافة والتجمل وحماية المجتمع من كل ما يؤذي ويضر.

(1) منشور على الرابط http://www.study4uae.com/vb/showthread.php?t=187882

إن التعاليم الإسلامية تحثنـا ألا نلقـي بأنفسـنا فـي التهلكـة لأي سـبب مـن الأسباب، قال الله تعالى: ﴿وَأَنْفِقُوا فِي سَبِيلِ اللَّهِ وَلَا تُلْقُوا بِأَيْدِيكُمْ إِلَى التَّهْلُكَةِ وَأَحْسِنُوا إِنَّ اللَّهَ يُحِبُّ الْمُحْسِنِينَ﴾

وينهى القـرآن الكـريم عـن الفسـاد فـي الأرض بـأي صـورة مـن صـور الفساد المعنوي أو المادي فقال الله تعالى: " ولا تعثوا في الأرض مفسدين" وقـال سبحانه " وإذا تـولي سـعي فـي الأرض ليفسـد فيهـا ويهلـك الحـرث والنسل والله لا يحب الفساد" وقال الله تعالى:" ولا تفسدوا في الأرض بعد إصلاحها ذلكم خير لكم إن كنتم مؤمنين"

وتوضح التعاليم الإسلامية أن الـذي يحـافظ علـي بيئتـه ونظافتهـا وعـدم تركها بل يرعاها وينحي الأذى عنها أن له جزاء عظيما عند الله تعالى يـوم القيامـــة.

عن أبي هريرة رضي الله عنـه عـن النبـي صـلي الله عليـه وسـلم قـال: لقـد رأيتُ رجلًا يتقلَّبُ في الجنَّةِ، في شَجرةٍ قطعَهـا مـن ظَهْـرِ الطَّريـقِ، كانـت تؤذي النَّاسَ."(1)

(1) صحيح مسلم

الباب الرابع
الملاحق التعليمية

الملحق الأول: نظام البيئة السعودي

النظام العـام للبيئــة الصــادر بالمرسـوم الملكي رقـم م/34 فـي 1422/7/28هـ المبني على قرار مجلس الوزراء رقم : (193) وتاريخ : 1422/7/7هـ

الفصل الأول : تعاريف وأهداف

المادة الأولى :

يقصد بالعبارات الآتية في مجال تطبيق أحكام هذا النظام المعاني المبينة قرين كل منها :

1- الجهة المختصة : مصلحة الأرصاد وحماية البيئة .

2- الوزير المختص : وزير الدفاع والطيران والمفتش العام.

3- الجهة العامة : أي وزارة أو مصلحة أو مؤسسة حكومية .

4- الجهة المرخصة : أي جهة مسئولة عن ترخيص مشـروعات ذات تأثير سلبي محتمل على البيئة .

5- الجهة المعنية : الجهـة الحكوميـة المسئولة عـن المشـروعات ذات العلاقة بالبيئة .

6- الشـخص : أي شـخص طبيعـي أو معنوي خـاص، ويشـمل ذلـك المؤسسات والشركات الخاصة.

7- البيئـة : كـل مـا يحيـط بالإنسـان مـن مـاء وهـواء ويابسـة وفضـاء خارجي، وكل ما تحتويه هذه الأوساط من جماد ونبات وحيوان وأشكال مختلفة من طاقة ونظم وعمليات طبيعية وأنشطة بشرية.

8- حماية البيئة : المحافظة على البيئـة ومنـع تلوثهـا وتـدهورها والحـد من ذلك.

9- تلوث البيئة : وجود مادة أو أكثر من المـواد أو العوامـل بكميـات أو صفات أو لمـدة زمنيـة تـؤدي بطريـق مباشـر أو غيـر مباشـر إلـى الإضـرار بالصـحة العامـة أو بالأحيـاء أو المـوارد الطبيعيـة أو الممتلكات، أو تؤثر سلباً على نوعية الحياة ورفاهية الإنسان.

10- تدهور البيئة : التأثير السلبي على البيئة بما يغير مـن طبيعتهـا أو خصائصـها العامـة أو يـؤدي إلـى اختـلال التـوازن الطبيعـي بـين عناصرها، أو فقد الخصائص الجمالية أو البصرية لها.

11- الكارثة البيئية : الحادث الذي يترتب عليه ضـرر بالبيئـة وتحتـاج مواجهته إلى إمكانات أكبر مـن تلـك التـي تتطلبهـا الحـوادث العاديـة والقدرات المحلية .

12- مقاييس المصدر : حدود أو نسب تركيز الملوثـات مـن مصـادر التلـوث المختلفـة والتـي لا يسـمح بصـرف مـا يتجاوزهـا إلـى البيئـة المحيطة، ويشمل ذلك تحديد تقنيات التحكم اللازمة للتمشي مـع هذه الحدود.

13- مقاييس الجودة البيئية : حدود أو نسب تركيز الملوثات التي لا يسمح بتجاوزها في الهواء أو الماء أو اليابسة .

14- المقاييس البيئية : تعني كلاً من مقاييس الجودة البيئية ومقاييس المصدر.

15- المعايير البيئية : تعني المواصفات والاشتراطات البيئية للتحكم في مصادر التلوث .

16- المشروعات : أي مرافق أو منشآت أو أنشطة ذات تأثير محتمل على البيئة

17- التغيير الرئيسي : أي توسعة أو تغيير في تصميم أو تشغيل أي مشروع قائم يحتمل معه حدوث تأثير سلبي على البيئة، ولأغراض هذا التعريف فإن أي استبدال مكافئ نوعاً وسعة لا يعد تغييراً رئيسياً.

18- التقويم البيئي للمشروع : الدراسة التي يتم إجراؤها لتحديد الآثار البيئية المحتملة أو الناجمة عن المشروع والإجراءات والوسائل المناسبة لمنع الآثار السلبية أو الحد منها وتحقيق أو زيادة المردودات الإيجابية للمشروع على البيئة بما يتوافق مع المقاييس البيئية المعمول بها.

المادة الثانية :

يهدف هذا النظام إلى تحقيق ما يأتي :

1- المحافظة على البيئة وحمايتها وتطويرها، ومنع التلوث عنها .

2- حماية الصحة العامة من أخطار الأنشطة والأفعال المضرة بالبيئة .

3- المحافظة على الموارد الطبيعية، وتنميتها وترشيد استخدامها.

4- جعل التخطيط البيئي جزءاً لا يتجزأ من التخطيط الشامل للتنمية في جميع المجالات الصناعية والزراعية والعمرانية وغيرها.

5- رفع مستوى الوعي بقضايا البيئة، وترسيخ الشعور بالمسئولية الفردية والجماعية للمحافظة عليها وتحسينها، وتشجيع الجهود الوطنية التطوعية في هذا المجال.

الفصل الثاني : المهام والالتزامات

المادة الثالثة :

تقوم الجهة المختصة بالمهام التي من شأنها المحافظة على البيئة ومنع تدهورها وعليها على وجه الخصوص ما يأتي :

1- مراجعة حالة البيئة وتقويمها، وتطوير وسائل الرصد وأدواته، وجمع المعلومات وإجراءات الدراسات البيئية .

2- توثيق المعلومات البيئية ونشرها.

3- إعداد مقاييس حماية البيئة وإصدارها ومراجعتها وتطويرها وتفسيرها.

4- إعداد مشروعات الأنظمة البيئية ذات العلاقة بمسئولياتها.

5- التأكد من التزام الجهات العامة والأشخاص بالأنظمة والمقاييس والمعايير البيئية، واتخاذ الإجراءات اللازمة لذلك بالتنسيق والتعاون مع الجهات المعنية والمرخصة .

6- متابعة التطورات المستجدة في مجالات البيئة، وإدارتها على النطاقين الإقليمي والدولي.

7- نشر الوعي البيئي على جميع المستويات.

المادة الرابعة :

1- على كل جهة عامة اتخاذ الإجراءات التي تكفل تطبيق القواعد الواردة في هذا النظام على مشروعاتها أو المشروعات التي تخضع لإشرافها، أو تقوم بترخيصها والتأكد من الالتزام بالأنظمة والمقاييس والمعايير البيئية المبينة في اللوائح التنفيذية لهذا النظام .

2- على كل جهة عام مسئولة عن إصدار مقاييس أو مواصفات أو قواعد تتعلق بممارسة نشاطات مؤثرة على البيئة أن تنسق مع الجهة المختصة قبل إصدارها.

المادة الخامسة :

على الجهات المرخصة التأكد من إجراء دراسات التقويم البيئي في مرحلة دراسات الجدوى للمشروعات التي يمكن أن تحدث تأثيرات سلبية على البيئة وتكون الجهة القائمة على تنفيذ المشروع هى الجهة المسئولة عن

إجراء دراسـات التقويم البيئي وفق الأسس والمقاييس البيئية التي تحددها الجهة المختصة في اللوائح التنفيذية.

المادة السادسة :

على الجهة القائمة على تنفيذ مشـروعات جديدة أو التي تقوم بـإجراء تغييرات رئيسية على المشروعات القائمة أو التي لديها مشروعات انتهت فترات استثمارها المحددة أن تستخدم أفضل التقنيـات الممكنـة والمناسبة للبيئة المحلية والمواد الأقل تلويثاً للبيئة .

المادة السابعة :

1- على الجهات المسئولة عن التعليم تضمين المفاهيم البيئية في مناهج مراحل التعليم المختلفة .

2- على الجهات المسئولة عن الإعلام تعزيز برامج التوعية البيئية في مختلف وسـائل الإعـلام وتـدعيم مفهـوم حمايـة البيئـة مـن منظـور إسلامي.

3- على الجهات المسئولة عن الشئون الإسلامية والدعوة والإرشـاد تعزيز دور المسـاجد في حث المجتمـع علـى المحافظـة علـى البيئة وحمايتها .

4- على الجهات المعنية وضع برامج تدريبية مناسبة لتطوير القدرات في مجال المحافظة على البيئة وحمايتها.

المادة الثامنة :

مع مراعاة ما تقضي به الأنظمة والتعليمات تلتزم الجهات العامة والأشخاص بما يأتي :

1- ترشيد استخدام الموارد الطبيعية للمحافظة على ما هو متجدد منها وإنمائه وإطالة أمد الموارد غير المتجددة .

2- تحقيق الانسجام بين أنماط ومعدلات الاستخدام وبين السعة التحميلية للموارد.

3- استعمال تقنيات التدوير وإعادة استخدام الموارد .

4- تطوير التقنيات والنظم التقليدية ا لتي تنسجم مع ظروف البيئة المحلية والإقليمية .

5- تطوير تقنيات مواد البناء التقليدية .

المادة التاسعة :

1- تضع الجهة المختصة بالتنسيق مع الجهات المعنية خطة لمواجهة الكوارث البيئية تستند على حصر الإمكانات المتوفرة على المستوى المحلي والإقليمي والدولي .

2- تلتزم الجهات المعنية بوضع وتطوير خطط الطوارئ اللازمة لحماية البيئة من مخاطر التلوث التي تنتج عن الحالات الطارئة التي قد تحدثها المشروعات التابعة لها أثناء القيام بنشاطاتها.

3- على كل شخص يشرف على مشروع أو مرفق يقوم بأعمال لها تأثيرات سلبية محتملة على البيئة وضع خطط طوارئ لمنع أو تخفيف مخاطر تلك التأثيرات وأن تكون لديه الوسائل الكفيلة بتنفيذ تلك الخطط.

4- تقوم الجهة المختصة بالتنسيق مع الجهات المعنية بمراجعة دورية عن مدى ملائمة خطط الطوارئ .

المادة العاشرة

يجب مراعاة الجوانب البيئية في عملية التخطيط على مستوى المشروعات والبرامج والخطط التنموية للقطاعات المختلفة والخطة العامة للتنمية .

المادة الحادية عشرة :

1- على كل شخص مسئول عن تصميم أو تشغيل أي مشروع أو نشاط الالتزام بأن يكون تصميم وتشغيل هذا المشروع متمشياً مع الأنظمة والمقاييس المعمول بها.

2- على كل شخص يقوم بعمل قد يؤدي إلى حدوث تأثيرات سلبية على البيئة أن يقوم باتخاذ الإجراءات المناسبة للحد من تلك التأثيرات أو خفض احتمالات حدوثها.

المادة الثانية عشرة :

1- يلتزم من يقوم بأعمال الحفر أو الهدم أو البناء أو نقل ما ينتج عن هذه الأعمال من مخلفات أو أتربة باتخاذ الاحتياطات اللازمة للتخزين والنقل الآمن لها ومعالجتها والتخلص منها بالطرق المناسبة .

2- يجب عند حرق أي نوع من أنواع الوقود أو غيره سواء كان للأغراض الصناعة أو توليد الطاقة أو أي أنشطة أخرى أن يكون الدخان أو الغازات أو الأبخرة المنبعثة عنها والمخلفات الصلبة والسائلة الناتجة، في الحدود المسموح بها في المقاييس البيئية .

3- يجب على صاحب المنشأة اتخاذ الاحتياطات والتدابير اللازمة لضمان عدم تسرب أو انبعاث ملوثات الهواء داخل أماكن العمل إلا في حدود المقاييس البيئية المسموح بها.

4- يشترط في الأماكن العامة المغلقة وشبه المغلقة أن تكون مستوفية لوسائل التهوية الكافية بما يتناسب مع حجم المكان وطاقته الاستيعابية ونوع النشاط الذي يمارس فيه.

وتحدد الاحتياطات والتدابير والطرق والمقاييس البيئية في اللوائح التنفيذية

المادة الثالثة عشرة :

يلتزم كل ن يباشر الأنشطة الإنتاجية أو الخدمية أو غيرها باتخاذ التدابير اللازمة لتحقيق ما يأتي :

1- عدم تلوث المياه السطحية أو الجوفية أو الساحلية بالمخلفات الصلبة أو السائلة بصورة مباشرة أو غير مباشرة .

2- المحافظة على التربة واليابسة والحد من تدهورها أو تلوثها.

3- الحد من الضجيج وخاصة عند تشغيل الآلات والمعدات واستعمال آلات التنبيه ومكبرات الصوت، وعدم تجاوز حدود المقاييس البيئية المسموح بها المبينة في اللوائح التنفيذية.

المادة الرابعة عشرة :

1- يحظر إدخال النفايات الخطرة أو السامة أو الإشعاعية إلى المملكة العربية السعودية، ويشمل ذلك مياهها الإقليمية أو المنطقة الاقتصادية الخالصة .

2- يلتزم القائمون على انتاج أو نقل أو تخزين أو تدوير أو معالجة المواد السامة أو المواد الخطرة والإشعاعية أو التخلص النهائي منها التقيد بالإجراءات والضوابط التي تحددها اللوائح التنفيذية .

3- يحظر إلقاء أو تصريف أي ملوثات ضارة أو أي نفايات سامة أو خطرة أو إشعاعية من قبل السفن أو غيرها في المياه الإقليمية أو المنطقة الاقتصادية الخالصة.

المادة الخامسة عشرة :

تمنح المشروعات القائمة عند صدور هذا النظام مهلة أقصاها خمس سنوات ابتداءً من تاريخ نفاذه لترتيب أوضاعها وفقاً لأحكامه، وإذا تبين عدم كفاية هذه المهلة للمشروعات ذات الطبيعة الخاصة فيتم تمديها بقرار من مجلس الوزراء بناءً على اقتراح الوزير المختص.

المادة السادسة عشرة :

على صناديق الإقراض اعتبار الالتزام بأنظمة ومقاييس حماية البيئة شرطاً أساسياً لصرف دفعات القروض للمشروعات التي تقوم بإقراضها.

الفصل الثالث : المخالفات والعقوبات

المادة السابعة عشرة :

1- عندما يتأكد للجهة المختصة أن أحد المقاييس أو المعايير البيئية قد أخل به فعليها بالتنسيق مع الجهات المعنية أن تلزم المتسبب بما يأتي :

أ – إزالة أي تأثيرات سلبية وإيقافها ومعالجة آثارها بما يتفق مع المقاييس والمعايير البيئية خلال مدة معينة .

ب – تقديم تقرير عن الخطوات التي قام بها لمنع تكرار حدوث أي مخالفات لتلك المقاييس والمعايير في المستقبل، على أن تحظى هذه الخطوات بموافقة الجهة المختصة.

2- عند عدم تصحيح الوضع وفق ما أشير إليه أعلاه فعلى الجهة المختصة بالتنسيق مع الجهات المعنية أو المرخصة اتخاذ الإجراءات اللازمة لحمل المخالف على تصحيح وضعه وفق أحكام هذا النظام.

المادة الثامنة عشرة :

1- مع مراعاة المادة (230) من اتفاقية الأمم المتحدة لقانون البحار الموافق عليها بالمرسوم الملكي ذي الرقم (م/17) والتاريخ 1416/9/11هـ ومع عدم الإخلال بأي عقوبة أشد تقررها أحكام الشريعة الإسلامية أو ينص عليها نظام آخر يعاقب من يخالف أحكام المادة الرابعة عشرة من هذا النظام بالسجن لمدة تزيد على خمس سنوات أو بغرامة مالية لا تزيد على خمسمائة ألف ريال أو بهما معاً مع الحكم بالتعويضات المناسبة، وإلزام المخالف بإزالة المخالفة، ويجوز إغلاق المنشأة أو حجز السفينة لمدة لا تتجاوز تسعين يوماً، وفي حالة العود يعاقب المخالف بزيادة الحد الأقصى لعقوبة السجن على ألا يتجاوز ضعف المدة او بزياد الحد الأقصى للغرامة على ألا يتجاوز ضعف هذا الحد أو بهما معاً مع الحكم بالتعويضات المناسبة وإلزام المخالف بإزالة المخالفة، ويجوز إغلاق المنشأة بصفة مؤقتة أو دائمة أو حجز السفينة بصفة مؤقتة أو مصادرتها.

2- مع عدم الإخلال بأي عقوبة أشد ينص عليها نظام آخر يعاقب من يخالف أي حكم من أحكام المواد الأخرى في هذا النظام بغرامة مالية لا تزيد على عشرة آلاف ريال، وإلزام المخالف بإزالة المخالفة، وفي حالة العود يعاقب المخالف بزيادة الحد الأقصى للغرامة على ألا يتجاوز ضعف هذا الحد وإلزامه بإزالة المخالفة، ويجوز إغلاق المنشأة لمدة لا تتجاوز تسعين يوماً.

المادة التاسعة عشرة :

يقوم بضبط ما يقع من مخالفات لأحكام هذا النظام واللوائح الصادرة تنفيذاً له الموظفون الذين يصدر قرار بتسميتهم من الجهة المختصة، وتحدد اللوائح التنفيذية إجراءات ضبط وإثبات المخالفات.

المادة العشرون :

1- يختص ديوان المظالم بتوقيع العقوبات المنصوص عليها في الفقرة (1) من المادة الثامنة عشرة بحق المخالفين لأحكام المادة الرابعة عشرة من هذا النظم .

2- مع مراعاة ما ورد في الفقرة (1) من هذه المادة يتم بقرار من الوزير المختص تكوين لجنة أو أكثر من ثلاثة أعضاء يكون أحدهم على الأقل متخصصاً في الأنظمة للنظر في المخالفات وتوقيع العقوبات المنصوص

عليهـا فـي هـذا النظـام، وتصـدر قراراتهـا بالأغلبيـة، وتعتمـد مـن الوزير المختص.

ويحق لمن صـدر ضـده قرار مـن اللجنـة بالعقوبـة التظلم أمـام ديـوان المظالم خلال ستين يوماً من تاريخ إبلاغه بقرار العقوبة .

المادة الحادية والعشرون :

يجوز للجنة المنصوص عليهـا فـي الفقرة (2) مـن المـادة العشرين أن تأمر عند الاقتضاء بإزالة المخالفة فوراً دون انتظـار صـدور قرار ديـوان المظالم في التظلم أو في الدعوى حسب الأحوال.

الفصل الرابع : أحكام عامة

المادة الثانية والعشرون

تضع الجهة المختصة اللوائح التنفيذية لهذا النظام بالتنسيق مـع الجهـات ذات العلاقة ويصدر بها قرار من الوزير المختص خلال سنة مـن تاريخ نشر النظام .

المادة الثالثة والعشرون

يستمر العمل بالأنظمة واللوائح والقرارات والتعليمـات المتعلقـة بالبيئـة المطبقة وقت صدور هذا النظام، وبما لا يتعارض معه.

المادة الرابعة والعشرون :

ينشر هذا النظام في الجريدة الرسمية ويعمل بـه بعد سنة مـن تـاريخ نشره.

الملحق الثاني : قضايا بيئية صادرة من محاكم المملكة العربية السعودية(1)

من هي الجهة القضائية المسئولة عن قضايا البيئة في المملكة العربية السعودية ؟

معالجة قضايا البيئة في المملكة العربية السعودية تتمُّ من قِبَل جهاتٍ متعدِّدة من جهات الضبط الإداري ولوائحه، والجهات الإدارية هي التي تُصدِرُ الأوامر بإزالة بعض صور الضررِ، ويقوم القضاء بجهدٍ هامٍّ فيما يقعُ فيه النزاع، سواء أقام النزاع فيه ابتداءً، فنظرتْه محاكمُ القضاء العامِّ، أم كان النزاع اعتراضًا على القرار الإداري المتعلِّق بشأن من شؤون البيئة، فينظره قضاءُ المظالم حسب الاختصاص.

(1) تمَّ عرض هذه القضايا البيئية المهمة في هذا الكتاب من ورقة عمل بعنوان : جهود القضاء السعودي في إنماء الفقه البيئي لمؤتمر: "دور القضاء في تطوير القضاء البيئي في المنطقة العربية"، معهد الكويت للدراسات القضائية والقانونية، 26 - 2002/10/28م، لمعالي فضيلة الشيخ عبد الله بن محمد بن سعد آل خنين) مرجع سابق) مع التصرف اليسير .

جانب من بعض القضايا البيئية التي نظرتها محاكم المملكة العربية السعودية(1)

القضية الأولى : تعويض الوقف

دعوى مقامةٌ من ناظرِ وقفٍ ضد الشركة السعودية للكهرباء، في مطالبتِها بتعويض الوقف مقابل إمرارها خطوط الضغط العالي على أرض الوقف السكنية، أو إزالة هذه الخطوط، والصادر فيها الحكم رقم 11/5/212 في 1420/8/15هـ من المحكمة الكبرى بمكة المكرمة، والمؤيَّد من محكمة التمييز بمكة المكرمة برقم 544/ج/1 في 1420/8/2هـ، ومن مجلس القضاء الأعلى بهيئته الدائمة برقم 4/715 في 1422/12/27هـ.

الوقائع:

تتلخَّص وقائع هذه الدعوى بادِّعاء المدعي بصفته ناظرًا على وقف، بأن الشركة السعودية للكهرباء قد مرَّرت على أرضينِ للوقف - وصَفَها - خطوطَ الضغط العالي للكهرباء، وأنه بعد تسوية الأرضية والشروع في بنائها، وصب سقف الدور الثاني، أوقفته شركة الكهرباء عن إتمام العمل، وأنهى المدَّعِي دعواه بمطالبة الشركة السعودية للكهرباء، بتعويض الوقف عن قيمة الأرضينِ وما أقيم عليهما من مبانٍ، وإذا امتنعت، فيطلب أن تلتزم بنقل خطوطها عن الأرضينِ المذكورتين.

(1) سنقوم باستعراض بعض القضايا البيئية من المرجع السابق بشكل مختصر

الأسباب والحكم:

لقد فصل القاضي في القضية بحكم مبيَّن الأسباب، جاء فيها:

ولإقرار الشركة بوضع الضغط العالي على الأرضينِ موضع النزاع؛ ولأن قرار الخبرة من المختَّصين يُثبِتُ بأن موضعَ الدعوى لا يصلح للسكنِ إذا بقيت خطوط الضغط العالي على وضعها الحالي، كما أفادت الشركة المدَّعَى عليها بأنه وَفْقًا للأنظمة المعمولِ بها عالميًّا لا يُنصَحُ بالسكن أسفل خطوط الكهرباء، ولِما جاء في قرار الخبرة من نقصِ قيمة الأرض بسبب مرور خطوط الضغط العالي عليها، وأن أَرْش ذلك قُدِّر بمبلغ مليون وتسعمائة واثنَي عشر ألفًا وخمسمائة ريال، ولأنه لا بيِّنةَ للشركة المدعَى عليها على ما دفعت به من أن مرور خطوط الكهرباء قبل شراء المدعي للأرضينِ، فلها يمينه، ورفضت الشركة طلب اليمين؛ ولأن الأصل هو ضمان الشركة للأضرار الناشئة عن خطوط الكهرباء دون إلزامِها بتملُّك الأرضين موضعِ النزاع وما عليها، بل المتعيَّن هو الوسط في ذلك، وهو أن تدفع الشركة قيمة الضرر الحاصل من وضع خطوط الكهرباء.

ثم قال القاضي: لذا؛ فقد حكمت على الشركة - الشركة السعودية للكهرباء - بأن تدفع للمدعي مليونًا وتسعمائة واثنَي عشر ألفًا وخمسمائة ريال.

وقد أضاف مجلس القضاء الأعلى بهيئته الدائمة عند تأييد الحكم بأن شركة الكهرباء إذا لم تدفع المبلغ المحكوم به، فعليها إزالة خطوط الكهرباء عن أرض الوقف.

القضية الثانية : تلوث أرض زراعية بمياه محطة التنقية

دعوى مقامةٌ من المدعِي ضد وزارة الزراعة والمياه، بشأن مطالبتِه بإلزام وزارة الزراعة والمياه بمنحِه رخصةَ حفر آبار عميقة لمزرعته، والصادر فيها القرار رقم 11/د/و/2 لعام 1409هـ في القضية رقم 1092/ق لعام 1408هـ من ديوان المظالم بالرياض.

الوقائع:

تتلخَّص وقائع الدعوى في ادِّعاء المدعِي بأنه قد سبق منحُه ترخيصًا زراعيًّا لإنتاج الخضارِ بنظام البيوت المحمية، وكان المشروع يعتمدُ عند إنشائه على المياه المستخرجة من الآبار الموجودة بالمزرعة، إلا أن المياه أصبحت غيرَ صالحة للزراعة؛ لما طرأ عليها من مرورِ مياه فائض محطة التنقية؛ مما كان سببًا في تغيير الماء بالأملاح وغيرها، ولم تُجْدِ فيه المعالجة بمكائن التحلية، وقد طلب من وزارة الزراعة والمياه ترخيصًا على تعميق الآبار إلى تسعمائة وخمسين مترًا، إلا أنها رفضت، وأنهى المدعِي دعواه بمطالبته الحكم على وزارة الزراعة والمياه بالسماح له بحفر آبار عميقة في نفس موقع المزرعة للحصول على المياه الصالحة للزراعة، أو إعطائه ماءً مكررًا والذي يمر بجوار

المزرعة واحتسابه بالسعر المناسب، أو تعويضه عن الخسائر التي لحقته من جرَّاء مرور فائض مياه محطة التنقية من مزرعته، أو أن تقوم وزارة الزراعة باستلام المزرعة وتعويضه عن قيمتها.

الأسباب والأحكام:

لقد فصلتِ الدائرةُ المختصَّة في ديوان المظالِم بالرياض في القضية بحكم مبيَّن الأسباب، جاء فيها:

بما أن دعوى المدعي تعتبر طعنًا في قرار الوزارة القاضي برفض منحه رخصة بئر بعمق 950م، ومن ثَمَّ فإن نظر هذه الدعوى منوط بديوان المظالم وفقًا لنص المادة الثامنة فقرة (ب) من نظامه الصادر بالمرسوم الملكي رقم م/51 في 1402/7/7هـ.

ومن حيث طلب المدعي السماحَ له بحفر بئر عميقة، فإنه ولمـا كانت المادة الثامنة فقرة (أ) من نظام المحافظة على مصادر المياه، والصادر بالمرسوم الملكي رقم م/ 34 في 1400/8/24هـ تنصُّ على أن المحافظة على مصادر المياه، وتنظيم طرق الانتفاع بهـا، مـن اختصـاص وزارة الزراعة والمياه، وعليها في سبيل ذلك وضعُ القواعد والإجراءات اللازمـة للمحافظة على مصادر المياه وحمايتها مـن التلـوُّث، وعلـى ذلك فإن هذه المادة أعطت الوزارة حقَّ وضع الإجراءات والضوابط التي تراها مناسبة للمحافظة على مصادر المياه من

التلوث، والتي منها منع حفر الآبار قطعيًّا أو بأعماق محدَّدة إذا رأت الوزارة أن هذا العمل قد يؤدي إلى تلوث مصادر المياه.

إضافة إلى أن الأوامر السامية رقم 8929 في 20/4/1391هـ، ورقم 4774/4/4 في 1399/4/2هـ، ورقم 8/3096 في 1408/11/28هـ تحظر حفر الآبار في مدينة الرياض التي تكون لغير أغراض الشرب، وعلى ذلك، فإنه لا يسوغ لأحد تجاوز هذه الأنظمة والأوامر ومخالفتها.

ومن حيث طلب المدعي إعطاءه من المياه المكررة، فإنه ولما كان الثابت أن هذه المياه مخصصة لأغراض الشرب، فإنه يتعذَّر تحقيق طلب المدعي، باعتبار أن مسألة توفير المياه للمزارع بصفة عامة من مسؤولية أصحابها، فيتعيَّن عليهم التأكد من وجود المياه اللازمة لمزارعهم قبل الإقدام على إنشائها.

وأما عن طلب المدعي تعويضَه عما نتج من صرف فائض محطة التنقية من أضرار، فإنه ولما كانت المحطة المذكورة تابعة لمصلحة المياه والصرف الصحي بمنطقة الرياض، فإن دعوى المدعي في هذا الشأن تكون مقامة على غير ذي صفة مما يتعين معه عدم قَبولِها.

ومن حيث إن الترخيص الذي تُصدِرُه وزارة الزراعة والمياه لإنشاء المشاريع الزراعية، لا يُلقِي على الوزارةِ عبءَ ضمان نجاحِ هذه المشاريع، أو تحقيقها لنسبة معيَّنة من الأرباح، وإنما الغاية منه تنظيمُ عملية إنشاءِ هذه المشاريع، وأما مسألة نجاحها من عدمه، فهو أمر منوط بأصحابها ولا عَلاقة للوزارة به، وعلى

ذلك فإن طلب المدعِي أن تقوم الوزارة باستلام المزرعة وتعويضه عن قيمتها لا يمكن تحقيقه؛ لأنه لا يقوم على سند صحيح.

لذلك فقد قرَّرتِ الدائرة: رفضَ دعوى المدعِي ضد وزارة الزراعة والمياه؛ لعدم قيامه على سند صحيح.

القضية الثالثة : التعدي على قطعة أرض مخصصة للرعي وشرب المياه

دعوى معارضة عددٍ من أهالي بلدة... ضد بلدية بلدِهم على توزيع مخطط سكني، لتبقى مرعى لدوابِّهم ومصدرًا لمياه شربهم وسُقْيا لدوابِّهم، والصادر فيها الحكم رقم 11/95 في 1421/3/24هـ من المحكمة الكبرى بالرياض، المؤيَّد من محكمة التمييز بالرياض بالقرار رقم 604/ق/1/أ في 1421/8/10هـ، ومن مجلس القضاء الأعلى بهيئة الدائمة برقم 604/ق/1/1/في 1421/8/10هـ.

الوقائع:

تتلخَّص وقائع هذه الدعوى بادِّعاء عددٍ من أهالي بلدة... ضد بلدية بلدهم، بأنها اعتَدَت على موقع معيَّن من البلدة -حدوده - وتعزم على توزيعه سكنًا، وهذا يمنعهم من الاستفادة منه، يلحق بهم ضررًا في مراعيهم، ومياه شربهم وسقي مزارعِهم، وأنهوا دعواهم بمطالبتهم كفَّ البلدية عن التصرف في هذه الأراضي.

الأسباب والحكم:

لقد فصل القاضي في هذه الدعوى بحكم مبيَّن الأسباب، جاء فيها:

ولما تقدَّم من الدعوى والإجابة، وبتأمل ما دون فيها، ولاختصاص أهالي... بالأرض مدارِ النزاع كما يظهر من شهادة الشهود، ومن الصك الصادر عام 1368هـ، المؤيَّد من ولي الأمر، ولِما احتجَّ به المُدَّعُون من الضرر كما في شهادة الشهود، ومحضر لجنة أضرار السيول، وتقرير مديرية الزراعة، وأهل الخبرة، مما يؤيِّد دعوى المدَّعِين، بخاصة ما يتعلق بالمياه، وكون الموقع المتنازع عليه امتدادًا للوادي وأسفل السد، ولأن هذا الموقع مخصَّص من قِبَل وزارة الزراعة حسب خطابها رقم 42349/2/3 في 1421/9/8هـ ليكون حقلاً للآبار السطحية لتغذية مشاريع المياه بالبلدة وما يتبعها، ولأن توزيع المخطَّط سوف يقتصر على أناسٍ معيَّنين مهما بلغت مساحتُه، وحقُّ الانتفاع بالمياه ونحوها حقٌّ عامٌّ لجميع الأهالي، والمصلحة العامة مقدَّمة على المصلحة الخاصة، ولقوله - صلى الله عليه وسلم)) :-لا ضرر ولا ضرار))، ونظرًا لأن درء المفاسد مقدَّم على جلب المصالح، لا سيما وقد جاء في قرار الخبرة وجود أماكن للسكن أفضل من المكان المتنازع عليه، علاوة أن الخدمات لم تتوفَّر فيه حتى الآن.

لذلك كله؛ فقد أفهمت البلدية برفع يدِها عن الموقع مدار النزاع وإبقائِه على ما كان عليه من اختصاص أهل... (البلدة) بمنافعه مرفقًا عامًّا للمرعى والاحتطاب والسقيا ونحو ذلك، وبذلك حكمت.

القضية الرابعة : تخصيص مرمى للنفايات يؤثر على بئر ماء

دعوى مقامة من بعض أعيان قبائل... ببلدة ..ضد/ المجمع القروي... حول تظلُّمهم من تخصيص مرمى النفايات في أعلى الوادي الذي يصبُّ في بئر العادية، الصادر فيها الحكم رقم 6/د/ف/35 لعام 1415هـ في القضية رقم 1/106/ق لعام 1415هـ من ديوان المظالم بالرياض.

الوقائع:

تتلخَّص وقائع هذه القضية في أن عددًا من الأشخاص أقاموا دعواهم نيابةً عن قبائل... سكان.. بطلبِ إلغاء قرار المجمع القروي... بتعيين مكان مرمى القمائم فوق البئر الوحيدة للشرب لسكان البلدة والمسماة "لعادية"، لِما يُسبِّبُه ذلك من ضرر لهم، وقد سبق أن صدر خطاب إمارة منطقة... بتخصيص مرمى لكل قرية في الأرض المجاورة لها، إلا أن المجمع اختار هذا الموقع كمرمى عامٍّ لبلدة... مع ما يسببه هذا الاختيار من أضرار بأهالي المنطقة؛ لتعرضهم للأمراض الوبائية بسبب شرب الماء التي تلوِّثها النفايات.

الأسباب والحكم:

لقد فصلتِ الدائرةُ المختصة في ديوان المظالم في القضية بحكم مبيَّن الأسباب، جاء فيها:

بناءً على ما تقدَّم من الدعوى والإجابة، يتبيَّن أن المدعي يطعن في القرار المتضمن جعل مرمى قمامة ونفايات القرى التابعة للمجمع القروي... أعلى الوادي الذي يصب في البئر المسماة العادية؛ لما يسببه من أضرار.

وحيث تضمَّن خطاب فضيلة قاضي... رقم 1236، وتاريخ 1415/5/25هـ، المبني على استخلاف الدائرة له - حيث شخص إلى الموقع ومعه عضوَا هيئةِ النظر بالمحكمة (أهل الخبرة) ورئيسُ المجمع والمدَّعِي - أنه قد ظهر جليًّا تضرُّر البئر من وجود المرمى في رأس الوادي الذي يمر بها، والمسافة بينهما قريبة، وأن تضرر السكان المجاورين محتمل.

وبما أن مؤدَّى ما تقدَّم أن قرار تحديد موقع مرمى النفايات التابع للمجمع القروي... في الموقع محل النزاع، وإن كان هدفه التخلص من نفايات القرى المجاورة جميعها، حماية للصحة العامة، إلا أنه في ذات الوقت يُلحِق ضررًا جسيمًا بأعدادٍ غير محددة من الأفراد، بتسبُّبه في تلويث البئر التي تُسقَى منها عدد كبير من أصحاب سيارات نقل الماء إلى الأماكن المجاورة، وحرمانهم من مائها وإفسادها عليهم، وكذلك حرمان الأهالي من سُقْيا بهائمهم من الحوض المجاور لها، فإنه بالتالي يكون قرارًا غير سليم مستوجبَ الإلغاء؛ لأن سند

مشروعية مثل هذا القرار هو استهداف المصلحة العامة، والمصلحة العامة تتأذى من تحقيق صالح البعض على حساب البعض الآخر، خاصة إذا تساوت الحقوق في أهميتها واعتبارها، إذ إن الضررَ الثابت واقع على مصدر المياه للكثير من أهالي المنطقة، والضرر يزال حسبما هو مقرر شرعًا.

ولا ينال من ذلك ما دفعت به المُدعَى عليها من أن اللجان انتهت إلى عدم تضرر البئر من الموقع؛ إذ إن معاينة فضيلة قاضي... ومعه أهل الخبرة أثبتَت تضرُّر البئر من المرمي، وهو ما يتعيَّن الاعتداد به؛ لصدروه من جهة قضائية محايدة، وبحضور ممثِّل عن الجهة المدعَى عليها، كما لا وجه للقول بأن أي موقع آخر سيَنشَأُ عنه ضررٌ بوجه أو بآخر؛ لأن الأضرار تتفاوت، وعلى الجهة صاحبةِ القرار مراعاةُ مهمَّتِها الأساس في المحافظة على صحة المواطنين، وتأمين حقهم في الحصول على مقومات الحياة في أمان، وتجنُّب ما يلحق الضرر بهم، تطبيقًا للقاعدة الشرعية: (لا ضرر ولا ضرار).

فلهذه الأسباب:

حكمتِ الدائرةُ: بإلغاء القرار المتضمِّن تحديدَ موقع مرمى نفايات... في الموقع الحالي أعلى الوادي الذي يمر بها ويصب في البئر المسماة العادية.

القضية الخامسة : وجود حظائر للدجاج في منطقة سكنية مأهولة

دعوى مقامة من عدد من سكان حي... من مدينة... ضد صاحب مشروع دواجن، الصادر فيها الحكم رقم 14 في 1418/1/15هـ من محكمة الطائف، والمؤيَّد من محكمة التمييز بمكة المكرمة برقم 1/1/1869 في 4/12/1418هـ، ومن الهيئة الدائمة بمجلس القضاء الأعلى برقم 3/330 في 24/5/1419هـ.

الوقائع:

تتلخَّص وقائع الدعوى بادِّعاء المدَّعِين بأن المدعَى عليه - منذ أعوامٍ - قد أقام مزرعةَ دواجن في حيِّهم الذي يسكنونه، وهي الآن منطقةٌ محاطة من الجهات الأربع بمساجد ومساكن وآهلة بالسكان، وفيها مدارس بنين وبنات، وأخذ في توسعةِ حظائر الدجاج في المزرعة المذكورة؛ مما زاد الضرر على عموم سكَّان الحي من روائح الدجاج الكريهة ومخلَّفاته، وهذا سببٌ لانتشار الحشرات والأمراض الوبائية من حساسية وغيرها؛ مما يُؤدِّي إلى ما لا تُحمَد عقباه، كما هو مُثبَت صحيًّا بسبب هذه المزرعة، والمبيدات الحشرية المستخدمة فيها، وأنهوا دعواهم بمطالبتهم الحكم على المدَّعَى عليه بإيقاف مزرعته المذكورة وإزالتها.

وكان مما دفع به المدعَى عليه ما حاصله: أن مشروعه سابق لأعمار الحي، وأنه ملتزم بعدم الإضرار بهم بإزالة الروائح.

الأسباب والحكم:

لقد فصل القاضي في القضيةِ بحكم مبيِّن الأسباب، جاء فيها:

ولقوله - عليه الصلاة والسلام -: ((لا ضرر ولا ضرار))، ولِما قرَّره الفقهاء أنه يتحمل الضرر الخاص لدفع ضرر عام، ولما قرَّره الفقهاء أيضًا أن الضرر يزال، وأن الضرر لا يكون قديمًا؛ ولأن تصرف الفرد المأذون له فيه شرعًا مما يجلب له مصلحة أو يدفع مفسدة إذا لزم عن تصرُّفِه المشروع في الأصل ضرر عامٌّ يلحَقُ بالمسلمين عامة، أو قطرٍ من أقطارهم، أو بلدة، أو جماعة عظيمة منهم، ويغلب على الظن وقوعُه، فعند ذلك يمنع الفرد من التصرُّف، وعليه أن يتحمَّل ضررَه الخاصَّ؛ دفعًا للضرر العام (الموافقات للشاطبي 205/2)؛ ولأن المدعى عليه يتصرَّف في ملكه بما يضرُّ جيرانه، إذ المزرعةُ محلُ الدعوى قد أصبحت في وسط المدينة، وأحاطت بها الأحياء السكنية من كل الجهات، ومحلٌّ تربية الدواجن بهذه الكثرة الضواحي البعيدةُ عن مساكن المسلمين ومدارسِهم، رُوِي عن الإمام أحمد - رحمه الله - أنه قال: "كل ما كان على هذه الجهة، وفيه ضرر، يمنع من ذلك، فإن أجاب وإلا أجبره السلطان"؛ (جامع العلوم والحكم ص267)؛ ولأن ما ذكره المدعى عليه من نصوصٍ فقهية على أن الضرر السابق للجارِ لا تلزم إزالته؛ لأن الطارئ عليه هو الذي أدخل الضرر على نفسه، لا ينطبق على هذه الحال، وإنما هي في مسألة الجار الفرد، يؤيِّد ذلك ما ساقه من أمثلةٍ، أما إذا كان الضررُ يتعلَّق بجمعٍ كبير من المسلمين، فإن الأمر

يختلف، ولما جاء في محضر لجنة وزارة الشؤون البلدية والقروية المرفق في 1413/2/12هـ، المتضمِّن أن اللجنةَ توصَّلت إلى وجود أضرار ثابتة على السكان المجاورين، وأن الأمر يستدعي إيقافَها، وحتى لا تترتَّب أضرارٌ على صاحبِ المشروع، فقد وضعتِ اللجنةُ برنامجًا زمنيًّا لإيقاف المزرعة ينتهي بنهاية عام 1417هـ؛ ولأن اللجنة الفنية توصَّلت إلى أن التقنيةِ التي ذكرها المدعى عليه لا تُزِيلُ الأضرار على السكان نهائيًّا، ولما جاء في قرار الخبرة، ولما جاء في خطاب رئيس عام مصلحة الأرصاد وحماية البيئة المؤرخ في 1416/11/22هـ، المتضمنِ أنه قد تبيَّن أن لهذه المزرعة أضرارًا على القاطنين في الحي؛ لكونها تقع وسط المنطقة، وتوصي بإزالة جميع هذه الحظائر ومخالفاتها؛ ولأن الأنظمة في التصاريح لمثل هذه المزرعة لا تزيد عن عشر سنوات، ومزرعة المدعى عليه من عام 1386هـ؛ مما يدل على عدم موافقة الجهات الرسمية لتجديد التصريح مرة أخرى؛ لوصول العمران إليها، ولما جاء في شهادة البيئة المعدَّلة التي بلغت حد التواتر من وجود ضرر من المزرعة المذكورة على السكان، ولما ثبت من مطالبة المدَّعِين بإزالة هذه المزرعة منذ مدة طويلة - جاء في شهادة بعض الشهود أنها سبعة عشر أو ستة عشر عامًا تقريبًا - ولأن رفض المدعى عليه ما عرضته عليه اللجنة الوزارية من إمكانية تعويضِه بموقع آخرَ جديد، يدل على تعسُّفه في استعمال الحق، وقد جاءت الشريعة الإسلامية بنفي ذلك.

لذلك كله؛ فقد حكمت على المدعَى عليه بنقل جميع حظائر الدواجن المذكورة في الدعوى من المزرعة المذكورة.

القضية السادسة : إغلاق مزرعة دواجن

دعوى مقامة من المدعي ضد وزارة الزراعة والمياه، الصادر فيها الحكم رقم 42/د/5/1/1، لعام 1417هـ يوم الأحد 27/12/1417هـ، من ديوان المظالم بالرياض في القضية رقم 1/362/ق لعام 1417هـ.

الوقائع:

تتلخَّص وقائع هذه الدعوى بادِّعاء المدعي أنه بناءً على التصريح الصادر عن وزارة الزراعة والمياه برقم 1904 في 28/8/1395هـ، فقد أنشأ مزرعة للدواجن على الأرض المملوكة له قرب بلدة... في منطقة...، والمبيَّن حدُّها ومساحتها بموجب صك التمليك الصادر عن كتابة عدل...، إلا أنه فوجئ بقرار صادر عن وزارة الزراعة والمياه، يتضمَّن الأمر بإغلاق مزرعته المشار إليها بدون مسوِّغ شرعي، وأنهى المدعي مطالبته الحكمَ بإلغاء قرار وزارة الزراعة والمياه المشار إليه.

الأسباب والحكم:

لقد فصلتِ الدائرةُ المختصة في القضية بحكم مبيَّن الأسباب، جاء فيها:

وبما أن الثابت من الأوراق أن اللجان المشكلة من قِبَل الجهات المختصَّة للنظر في شكاوى أهالي... قد انتهت إلى صحَّة شكوى الأهالي من الروائح التي

تنتجُ من حظائر الدواجن التابعة للمدعِي، وأوصت تلك اللجان بإزالة تلك الحظائر بما يتَّفِقُ مع الفقرة الثالثة من الشروط الفنية لمشاريع الدواجن الصادرة من شعبة الإنتاج الحيواني والدواجن المبلغة بتعميم وزارة الزراعة رقم 3/352/ص في 1404هـ، والمتضمِّنة وجوبَ تقديم خطاب من إدارة تخطيطِ المدن أو البلدية، يوضح فيه بأن الموقع المقترح لإقامة المشروع خارج نطاق المدينة والتوسع المستقبلي لفترة لا تقل عن عشر سنوات.

كما أنه بالاطِّلاع على مخطَّط قطع الأراضي السكنية المحيط بحظائر الدواجن - محل الدعوى - يتَّضحُ منه أن أهالي المتضرِّرين قد أقاموا مساكنهم بناءً على مخطَّط سكني معتمَدٍ من قِبَل الجهات المختصة، كما أن بعض هذه الحظائر متداخلةٌ مع القطع السكنية، وبعضها لا يفصلُه عنها سوى شارع عرضُه 20م.

وبما أن الوزارة - المدعَى عليها - قد أصدرت قرارَها محلَّ الطعنِ بناءً على ما قرَّرته اللجان المشار إليها، والتي تُثبِتُ وجودَ أضرار تلحَقُ بالسكَّان المجاورين للحظائر من جرَّاء انبعاث الروائح الكريهة من تلك الحظائر.

وبما أن القاعدة الفقهية تنصُّ على أن "الضرر يُزال"، كما نص الفقهاء على جواز إزالة الضرر الأشد بالضرر الأخف، وعلى لزوم دفع الضرر العامِّ بالضرر الخاص، وأن المصلحة العامَّة مقدَّمة على المصلحة الخاصة؛ ذلك لأن الضرر الخاص لا يكون في حجم الضرر العام، سواء من حيث عدد المتضررين أو في

جسامة الضرر، ومن هذا الباب أيضًا القاعدة الفقهية التي تنص على أن "درء المفاسد أولى من جلب المصالح"؛ ولذا فإنها إذا تعارَض مفسدةٌ ومصلحة، قُدِّم دفعُ المفسدة غالبًا، وهذا كله يأتي انسجامًا مع مقاصد الشريعة الإسلامية التي تدور حول درء المفاسد وجلب المصالح، ولا شك في أن ما يلحَقُ الأهاليَ من ضررٍ عامٍّ يتعلَّق بالصحة العامة للمواطنين، لا يُقارَنُ بما قد يحصُلُ للمدعِي من ضرر يتمثَّل فيما يفوته من ربح، نتيجةً لإغلاقِ تلك الحظائر، لا سيما إذا ما أخذنا بعينِ الاعتبار أن المدعي قد استغلَّ المشروع مدَّة تزيد عن عشرين عامًا، كما أنه سوف يستفيد من ارتفاع قيمة أرض المشروع لدخولِها في النطاق العمراني، بالإضافة إلى أن الوزارة راعت حال المدعي حين قرَّرت إغلاق الحظائر؛ بحيث جعلت ذلك على مراحل زمنية متفاوتة، وليس دفعة واحدة مراعاةً لرفع الضرر عنه؛ ولذا فإن قرار الوزارة - المدعَى عليها - بإلزام المدعي بإغلاق حظائر الدواجن - محلِّ الدعوى - يكون قد صدر موافقًا للقواعد الشرعية والنظم المرعية، مما يتعيَّن معه القضاء برفض طلب المدعي إلغاءَ القرار المطعون فيه؛ لعدم قيام هذا الطلب على أساس سليم.

ولا ينال من ذلك ما ذكره المدعي من أنه هو الأسبق في إقامة مشروعه، وأن الأهالي هم الذين نزلوا عليه وجاوروه باختيارهم؛ لأنه كما أن المدعي قد أقام مشروعه بموجب ترخيص صادر من الجهة المختصة، فإن الأهالي كذلك أقاموا مساكنهم بموجب مخطَّط معتمَدٍ من قِبَل جهة الاختصاص، كما أن هذه

التراخيص بطبيعتها لا تعطي أصحابَها الحق المطلق في الاستمرار في مزاولة نشاطهم دون قيد أو شرط، بل الاستمرار في النشاط مرتبطٌ بالظروف المحيطة، وما تؤول إليه من حيث مناسبة الاستمرار في النشاط أو عدمه لتغيُّر الظروف؛ ولذا فقد نصت الفقرة (3) من الشروط الفنية لمشاريع الدواجن - المشار إليها - على أنه يجب أن يكون موقع المشروع خارج نطاق المدينة والتوسُّع المستقبلي لفترة لا تقل عن عشر سنوات، وهذا يؤيِّد حقَّ الوزارة في إعادة النظر في التراخيص الممنوحة كلما دعت الحاجة لذلك، بسبب تغير الظروف المحيطة، أو استجدَّ في الأمر ما يستدعي العدول عن الاستمرار في منح تلك التراخيص، كما أنه لا حجَّة فيما أورده المدعِي من استشهادات فقهيةٍ في مذكِّرته؛ لأن تلك الاستشهادات قد وردت في غير موضعها ولم تصادف محلها؛ لأن ما ذكره متعلِّق في حال كون الضرر خاصًّا وليس عامًّا، وفي حال تساوي حجمِ الضرر، أما في حال كون الضرر عامًّا، أو اختلاف حكم الضرر، فقد أشارت الدائرةُ إلى حكمِه فيما تقدم.

لكل ما تقدم حكمتِ الدائرة... بديوان المظالم برفض دعوى المدعي المقامة ضد وزارة الزراعة والمياه.

القضية السابعة : حظيرة للأغنام تسبب الأذى

دعوى بين شخصين، يُطالِب فيها المدعي بإلزام المدعَى عليه بنقل (حوش) أغنامه إلى موضعٍ بعيد عن دار المراعي، والصادر فيها الحكم رقم 1/12 في 1421/2/5هـ من محكمة حوطة سدير، والمؤيَّد من محكمة التمييز بالرياض برقم 917 في 1421/3/3هـ.

الوقائع:

تتلخَّص وقائع الدعوى بادِّعاء المدَّعِي بأن المدعَى عليه قد اتَّخذ بجوار دارِه بما لا يزيد عن خمسة أمتار حوشًا لأغنامه، وأن هذه الأغنام سبَّبت ضررًا عليه من جهة رائحة رَوْثِها وسمادِها، وما تُطيره من الغبار في غدوِّها ورواحها، كما سببت تكاثر الحشرات من ذباب وغيره من بعضِها إلى بيت المدعي، كما كانت هذه الأغنام سببًا في إثارة حساسية الربو لبعض أفراد العائلة، وأنهى المدعي دعواه بمطالبته إبعادَ الأغنام عن داره بما يزيل ضررها.

الأسباب والحكم:

لقد فصل القاضي في القضية بحكم مبيَّن الأسباب، جاء فيها:

ولثبوت ضرر هذه الأغنام على المدعي حسب إفادة البلدية؛ لِما في ذلك من روائح وغبار ناتج عن هذه الأغنام، ولأن هذا الوضع مخالفٌ للأنظمة وتعليمات صحة البيئة، وأيَّد ذلك قرارُ الخبرة بمحكمة المجمعة.

وقرَّر القاضي حكمه بقوله: لذا فقد حكم بإلزام المدعَى عليه بإبعاد ونقل أغنامه وأحواشه إلى مكان آخر بعيد عن موقعه الحالي؛ بحيث يزول الضرر، وبهذا انتهت الدعوى.

القضية الثامنة : دعوى لمنع استعمال بناء مطبخ

دعوى بين شخصين يطالِبُ فيها المدعي منعَ المدعَى عليه من استعمال المبنى المجاور له مطبخًا، والصادر فيها الحكم رق 1197/4ب، في 1409/8/7هـ من محكمة المبرز، والمؤيَّد من محكمة التمييز بالرياض برقم 1/704/أ في 1409/11/16هـ.

الوقائع:

تتلخَّص وقائعُ الدعوى بادِّعاء المدعِي بأن المدعَى عليه قد أستأجر الدارَ المجاورة له ليتَّخِذها مطبخًا، وسوف يُسكِنُ فيها عمَّال المطبخ، ويترتب على اتخاذها مطبخًا ضرر من روائح المطبخ، وبقايا الذبائح، وضرر من سكن العمال وهم عزاب، والإزعاج المرتقَّب من الزبائن، وإمكانية حصول حريق وامتداده إلى منزل المدعي، وأنهى المدعي دعواه بمطالبته منع المدعَى عليه من إقامة المطبخ وعدم الانتفاع بالدار إلا للسكن.

الأسباب والحكم:

وقد فصل القاضي في القضية بحكم مبيَّن الأسباب، جاء فيها:

وبما أن أهل الخبرة قرَّروا بأنـه ثَمَّ ضـررٌ علـى المجـاورين مـن جهـةِ روائح الذبح وسكن العزَّاب، وبمـا أن المـدعَى عليـه تعهَّد بعدم الذبح في المطبخ، وأن يكون الذبح في المسلخ الخاص بالبلدية، كما تعهَّد بعدم إسكان أحدٍ من عمَّال المطبخ في المنزل موضـع الدعوى، وأن يكـون تصـريفُ الروائح المنبعثة مـن المطبخ إلى الصـرف الصـحي، وبمـا أنـه قد صـدر الترخيص النظامي من البلدية.

لذا فقد أفهمت المدعِي بأنه لا سبيل له على المدعَى عليـه في منعـه مـن استخدام المحل المتنازع فيه مطبخًا، وأفهمت المدعَى عليـه بأنـه يلزَمُـه مـا التزم به مـن عـدم إسكان عمَّال المطبخ فيـه، والـذبح في مسـلخ البلديـة، وتصريف الروائح إلى الصرف الصحي، وبذلك حكمت.

القضية التاسعة : منع إقامة مشروع أبقار لإنتاج الألبان

دعوى مقامة من عدد من الأشخاص ضد صاحب مشروع أبقار لإنتاج الألبان، بطلبِ منعِه من إنشـاء هذا المشروع، والصـادر فيهـا الحكـم رقم 3/5/10 في 1422/3/18هـ مـن محكمـة الـدلم، والمؤيَّد مـن محكمـة التمييز بالرياض برقم 296/ق/4/أ في 1422/5/7هـ.

الوقائع:

تتلخَّص وقائع هذه الدعوى بادِّعاء عددٍ من الأشخاص من سكان بلـدة... ضـد صـاحب مشـروع أبقـار للألبـان، بـأن المـذكور يعـزِمُ علـى إنشـاء المشروع

المذكور قرب بلدتهم؛ إذ لا يبعُدُ المشروع عن آخر حي فيها سوى أربعة أكيال واثني عشر مترًا.

وهذه الحيوانات يحصل منها مخلَّفات تنبعث منها روائح كريهة، فتضر بالسكان من الناحية الصحية، ويؤثِّر ذلك على رغبة الناس في السكن بالبلد، وأنهى المُدَّعون دعواهم بمطالبتِهم الحكم بمنع المدعَى عليه من إقامة هذا المشروع.

الأسباب والحكم:

لقد أنهى القاضي القضية بحكم مبيَّن الأسباب، جاء فيها:

فبناءً على ما تقدَّم من الدعوى والإجابة؛ ولأن الدعوى في الضرر المحتمل وقوعُه في المستقبل دعوى مسموعةٌ، وبناءً على قرارِ الخبرة من ذوي الاختصاص المتضمِّن عدم وجود ضررٍ واضح يمنعُ إقامة المشروع من النواحي البيئية، على أن تراعَى الاشتراطات الصحية والبيئية للتخلص من المخلفات، وأنه إذا استمر المشروع في الصيانة والنظافة وبنفس المعدلات - أي: الطاقة الاستيعابية - فإنه عديم الضرر بإذن الله، وبما أن القرار الثاني تضمَّن أن الاشتراطات الصحية تتركز في التخلص من مخلفات الحيوانات أولاً بأول، وإزالة مخلفات غسيل المحلب بصورة دورية، وأن يكون ذلك بإشراف وزارة الزراعة والمياه، وبما أن المشروع أقيم بناءً على موافقة الجهات المختصة وَفْق الأنظمة المتبعة، وبما أن المدعَى عليه قد حصر المشروع في الجهة الجنوبية

الشرقية من مزرعته بالأطوال المنوَّه عنها، وذلك أبعد موقع عن سكان البلدة، وبما أن أهل الخبرة قرَّروا عدم وجود ضرر ظاهر في حال إقامة المشروع، وبما أن الأصل جوازُ تصرف المرء في ماله التصرف الشرعي ما لم يُلحِقْ ضررًا بالآخرين، وبما أنه يغلب على الظن عدم حدوث ضرر للأسباب المنوَّه عنها، وبما أن في منع المدعَى عليه من إقامة المشروع ضررًا عليه وحبسه من التصرف في ماله.

لذلك كله؛ فقد صرفت النظر عن دعوى المدعين -أي: رد الدعوى- وأفهمت المدعَى عليه أنه في حال إقامة المشروع، فعليه التقيد بالموقع، والطاقة الاستيعابية، والتخلص من المخلفات أولاً بأول، وإزالة غسيل المحلب بصورة دورية، وتطبيق جميع الاشتراطات الصحية، تحت إشراف وزارة الزراعة والمياه، وبذلك حكمت.

القضية العاشرة : الاعتداء على الثروة الحرجية

دعوى جزائية، مقامة من المدعي العام ضد شخصين؛ لقيامهما بإضرام النار في حشائش وأشجار طبيعية، والصادر فيها الحكم رقم 2/319 في 1421/12/23هـ من المحكمة المستعجلة)الجزئية) بالدمام.

الوقائع:

تتلخَّص وقائع هذه الدعوى بادِّعاء المدعي العام ضد غلامينِ حَدَثينِ؛ لقيامهما بإضرام النار في حشائشِ وأشجار بموقع بمحافظة... وأن أحدهما

وهو... قد أضرم النار، وذكر أن ذلك لأجل صنع الشاي، وأن النار انتشرت بسبب الرياح، والثاني... كان معه ولم يُخبِرا الجهات الأمنية عن الحريق، وطلب المدعي العام إثبات ما أسند إليهما، والحكم عليهما بعقوبة تزجُرُهما وتردَعُ غيرَهما.

الأسباب والحكم:

لقد فصل القاضي في القضية بحكم مبيَّن الأسباب، جاء فيها:

وبما أن المدعَى عليهما قد اعترفا بما جاء في دعوى المدعي العامِّ جملة وتفصيلاً، وبما أنه لم يظهر قصدهما إضرام هذا الحريق، وبما أن مَن باشر هذا الحريق... وهو صغير السن إذ عمره آنذاك حوالي عشر سنوات وستة أشهر، إلا أنه يستحق التعزير لِما بدر منه؛ نظرًا لضخامة الحريق.

لذا؛ فقد حكمت عليه تعزيرًا بأن يسجن سبعةَ أيام، كما حكمت على المدعَى عليه الآخر... بأن يسجن عشرة أيام، وتُحسَبُ المدَّة التي مضت في الإيقاف منها، وبعد ذلك يؤخذ عليهما التعهُّد بعدم العودة لمثل ما حصل.(1)

---

(1) – تعليقي على هذه القضايا : جميع القضايا التي نقلت من هذا المرجع لم تكن قد حدثت في ظل صدور نظام البيئة السعودي الجديد والذي صدر في العام 1422هـ، باستثناء القضية الأولى التي لم تطبق عليها أحكام النظام البيئي الجديد بالرغم من أنها وقعت في العام 1422هـ. وحتى الورقة البحثية المقدمة لم تكن في ظل قانون البيئة السعودي.

الأحكام الفقهية المقرَّرة في القضايا سالفة الذكر (1)

الأحكام البيئية الكلية المقرَّرة في القضايا التي تم عرضها هي :

1. صاحب الصفة في الدعوى البيئية إذا كانت تتعلَّق بحق خـاص، فإن صاحبها هو الذي يرفعها، وإذا تعلقت بحق عـام، وجب على ولـيِّ الأمر أو نوَّابه إقامتُها، وإذا تعذر، فإنَّ لآحاد الناس إقامتها، فقد ذكـر الفقهاء بأنه: لو مال البناء إلى الطريـق العـام فيطالـب بإزالتـه الإمـام ومَن يقوم مقامه، وكذا لكلِ واحد من الرعية مسلمًا أو ذميًّا المطالبـة بذلك، وذلك ينطبـقُ علـى قضايا البيئـة، وقد مـرَّ بنـا في التطبيقـات القضائية السالفة، كيف أن القضاء سمِع دعوى رجـال بعض قبائـل... الذين خاصموا البلدية بمنعها مـن اتِّخـاذ مرمـى للقمامـة بـالقرب مـن البئر التي يشربون منها، واستمرت الدعوى حتى الحكم فيها، كما مر معنا سماع دعوى بعض أهالي إحدى البلدان لمنع البلدية من تخطيط ومـنح أرض تعـود للعمـوم بالمصـلحة، يشـربون منهـا ويرعـون بهائمهم، وكذا مخاصمة عدد مـن أهل بلـدة أخرى بالمطالبـة بإزالـة مشروع الـدواجن، وأخـرى لمشروع الأبقـار، ومثـل هـذه الـدعاوى تعرف في الشريعة الإسلامية بدعوى الحسبة، وأصلها مشروعية

─────────────

(1) التعليق هنا لمعالي فضيلة الشيخ عبد الله بـن محمـد بـن سـعد آل خنين بتصرف يسير يناسـب منهجية الكتاب

دفاع آحاد الناس عن حق العموم، بواسطة القضاء، وهو من قِبَل الأمر بالمعروف والنهي عن المنكر، وتسمَّى مثل هذه الدعوى دعوى الحسبة.

2.مرور خطوط الضغط العالي للكهرباء على الأرض السكنية يوجب التعويض على واضعها لصاحب الأرض أو إزالتها؛ لأنها أصبحت لا تصلح للسكن لضررها ببدن الإنسان

هذا الحكم البيئي مقرَّر في القضية الأولى في حكم على الشركة السعودية للكهرباء التي أمرَّتْ خطوط الضغط العالي على أرض سكنية بمكة المكرمة؛ كما في الحكم الذي مر في القضية الأولى.

وأصل ذلك عند الفقهاء: أن مَن أدخل النقصَ على ملك غيره لاستصلاح ملكه من غير تعدٍّ ولا تفريط من الغير، فعليه ضمان ما نقص من ملك الغير، ولو لم يحصل من الضامن تعدٍّ أو تفريط، وهذا الأصل يعود إلى قاعدة أعم منه، وهي: "الغُرْم بالغُنْم"، ومعناها: أن الخسارة التي تحصل من الشيء تكون على مَن يستفيد منه شرعًا.

3. وجوب الإبقاء على مخزون المياه الجوفية لأغراض الشرب وعدم استنزافه للأغراض الأخرى من زراعة ونحوها، وكذا المحافظة عليها من التلوث

هذا الحكم البيئي مقرَّر في القضية الثانية، والتي قضى فيها ديوان المظالم بردِّ دعوى المدعي في مطالبته وزارة الزراعة والمياه بالترخيص له في حفرِ آبارٍ عميقة في مزرعته؛ لأن ذلك يضرُّ بالمخزون الجوفي للمياه، ويُعرِّضه للتلوث.

4. وجوب المحافظة على مواقع مياه الشرب التي تحتاجها البلدة وحماها لذلك ومنع تخطيط ومنح الأراضي التي يضرُّ توزيعُها بمصادر المياه والمراعي

هذا الحكم البيئي مقرَّر في القضية الثالثة في الدعوى المسموعة من عدد من أهالي إحدى البلدان ضد بلدية بلدهم، والذي انتهت فيه المحكمة برفعِ يدِ البلدية عن هذه الأرض، لتبقى مرفقًا لهم بالرعي والسُّقْيا، وقد بنى القاضي حكمَه على القواعد الشرعية بمنع الضرر؛ كما في حديث النبي -صلى الله عليه وسلم-: ((لا ضررَ ولا ضرار))، والقاعدة الشرعية المقررة بأن: "درء المفاسد مقدَّم على جلب المصالح"، وهي تعني تفويتَ مصلحة أناس معينين ليتحقَّق درءُ مفاسد عن العموم، وبالقاعدة الشرعية: "المصلحة العامَّة مقدَّمة على المصلحة الخاصَّة"، والتي صاغها الفقهاء بقولهم: "يُتحمَّل الضرر الخاص لدفع ضرر عام"

5. وجوب الامتناع عن إلقاء القمامة بالقرب من مصادر مياه الشرب؛ حتى لا تلوثها

وهذا الحكم البيئي مقرَّر في القضية الرابعة في الدعوى المسموعة من بعض قبائل... ضد المجمع القروي، كما في القضية الرابعة، والتي انتهت بالحكم من قِبَل ديوان المظالم بإلغاء قرارِ المجمع القروي باتخاذ موقع قربِ البئر لتكون مرمى للنفاية؛ حمايةً لمياه الشرب من التلوُّث الذي يعودُ بالضرر على عموم الناس.

6. منع مزارع الدواجن في الأحياء السكنية، ووجوب إزالتها، ولو كانت سابقة للحي

هذا الحكم البيئي مقرَّر في القضية الخامسة في حكم على مشروع للدواجن بمدينة... كان عند إنشائه بعيدًا عن السكن في المدينة، ثم امتدَّ عمران السكن إليه حتى صار هذا المشروع في هذا الحي الجديد، ويصدر منه ضررٌ على السكَّان، فألزمت المحكمةُ صاحبَ المشروع بنقله عن هذا الموضع الذي يضر بسكان الحي، وكان المدعَى عليه قد دفع بأنه سابقٌ للحي، وأن الطارئ على الضرر هو الذي يتحمَّل مغبَّة عمله، فردَّ القاضي على ذلك، وأسس حكمه على دعائم شرعية أصيلة سبقت مفصَّلة، وكان منها القاعدة الفقهية: "يُتحمَّل الضرر الخاص لدفع الضرر العام"، فصاحب المزرعة عليه ضررٌ خاصٌّ بنقلها إلى موضع آخر، وسكان الحي مجموعةٌ من الناس كثيرٌ عددُهم متضرِّرون من هذه المزرعة، فوجب مراعاة إزالة الضرر عنهم.

كمـا أن مـن دعـائمِ حكـم القاضـي القاعـدة الفقهيـة: "الضـرر لا يكـون قديمًا"، وهذه القاعدة تردُّ على ما دفع بـه المـدعَى عليـه مـن أنـه أقـدم في الحي من سكانه، فإن الإضرار بجماعة مـن النـاس في مـرافقهم العامـة لا يمكـن احترامـه شرعًا بوجـه مـن الوجـوه ولـو كـان قديمًـا، وحمـل القاضـي النصوص المقرِّرة لإهدار حق الطارئ على الضرر ـ على ضـرر خـاص يتعلق بفرد ومَن في حكمه، أما ضـرر عـام علـى عمـوم النـاس، فـلا يكـون قديمًا، وعلى صاحبه إزالته.

ومثله الحكـم الصـادر مـن ديـوان المظـالم بـرفض طلـب المـدعي إلغـاء القرار الإداري بإغلاق محل الدواجن؛ لأنه أصبح داخـل السـكن، كمـا في القضية السادسة.

7.وجود الأغنام بكثرة مجاورة لساكن ضررٌ بيئي تجب إزالته:

هذا الحكم البيئي مقرَّر في القضية السـابعة في حكـم علـى مَـن جعـل (حوش) أغنامه بالقرب من جاره، فحكمت المحكمةُ بإبعـادِ ونقـلِ الأغنـام إلى مكانٍ آخر بعيدًا عن موقعه الحالي، بحيث يزول الضـرر؛ لِما في ذلـك من الضرر من روائح وغبـار ونـاتج الأغنـام، ومخالفتـه للأنظمـة وصحة البيئة.

8. وجـوب تصـريف الـروائح الناشئـة عـن المطـابخ العامـة لإزالـة ضررها:

هذا الحكم البيئي مقرَّر في القضية الثامنة، بعدمِ تمكين المدعِي من إزالة المطبخ، ولكن على صاحب المطبخ تصريف الروائح بمـا يمنـع ضـررها؛ لأن في

ذلك جمعًا بين حق الطرفين، بدفع الضرر عن المدعِي بتغيير مصدر الضرر بما يزيله، مع تمكين المدعَى عليه من الإفادة من العين المستأجرة.

9. إذا لم يضرَّ مشروعُ الأبقار بالمجاورين بالتزامه بالمواصفات البيئية، فلا يمنع

هذا الحكم البيئي مقرَّر في القضية التاسعة، والتي رفعها بعض سكان بلد من البلدان ضد مشروع أبقار حول بلدهم بأربعة أكيال واثني عشر مترًا، وانتهى برد الدعوى؛ لأن المشروع لا ضرر به، وعليه الالتزام بالمواصفات والاشتراطات البيئية.

10. إضرام النار في الأشجار والحشائش العامة مخالفةٌ يستحقُّ فاعلُها التعزير

التعزيرُ أصلٌ شرعي مُجمَعٌ عليه في كل جريمة لا حدَّ فيها، والأشجار والحشائش العامَّة تُعَدُّ ثروةً بيئية هامَّة تُساعِدُ على تنقيةِ الهواء وصد الغبار والأتربة، ومرعى للبهائم، ومتنَزَّهًا للناس، فإتلافُها بالإحراق جريمة؛ لأنه تفويت حق بيئي لعموم الناس، فلا يحصل منها من نفع؛ ولأن إحراقها تلويث للهواء بما ينتج عن الإحراق، وهو ضرر بيئي يجب منعه؛ ولذا كان إتلاف الأشجار والحشائش العامة جريمةً بيئية يُعاقَب عليها، وقد دعَّم القضاء السعودي هذا الاتجاه في حكم على غلامينِ قام أحدُهما بإضرام النارِ في

حشائشَ وأشجارٍ عامَّة، وسكت الآخر عن الحريق، فلم يُبلِّغ بحصوله كما في القضية العاشرة.

11. إعمال قرار خبرة البيئة إذا لم يكن فيه طعن

وهذه الفقرة تتعلَّق بأعمال قرار خبراءِ البيئة على اختلاف تخصصاتهم في الكهرباء، أو في مشاريع الأبقار، أو الدجاج، أو الأغنام، أو غير ذلك، وهو أمر معتدٌّ به شرعًا، وليس هذا محل بسطه.

الملحق الثالث : أشهر المحميات الطبيعية في المملكة العربية السعودية (1)

- **محمية نفود العريق**

محمية نفوذ العريق هي محمية طبيعة في المملكة العربية السعودية تحت إشراف الهيئة الوطنية لحماية الحياة الفطرية وإنمائها، تقع محمية نفود العريق في المنطقة الوسطى جنوب غرب منطقة القصيم، تبلغ مساحتها 1960 كيلومتر مربع، وتتميز بيئاتها بالسهول الرملية الحصوية وبعض الجبال الجرانيتية والبازلتية، وبغطاء نباتي جيد، وتعتبر المنطقة حمى قديما لإبل الصدقة، ومن المتوقع أن تسهم عدة عوامل مثل وجود الغطاء النباتي الجيد من العوسج والإرطى والحوليات ووعورة المنطقة في اختيارها موقعا لإعادة توطين طيور الحبارى.

(1) نقلا باختصار عن الهيئة السعودية للحياة الفطرية http://ar.unionpedia.org/i

• محمية مجامع الهضب

محمية مجامع الهضب هي محمية طبيعة في المملكة العربية السعودية تحت إشراف الهيئة الوطنية لحماية الحياة الفطرية وإنمائها، تقع محمية مجامع الهضب على بعد حوالي 80 كيلومتر شرق مدينة رنية، تبلغ مساحتها حوالي 3800 كيلومتر مربع، تتميز المحمية بالجبال البركانية الداكنة والسهول الصحراوية الرملية إلى جانب احتوائها على الكثير من القباب الجرانيتية المتقشرة ذات ألوان باهتة.

• محمية محازة الصيد

محمية محازة الصيد هي محمية طبيعة في المملكة العربية السعودية تحت إشراف الهيئة الوطنية لحماية الحياة الفطرية وإنمائها، تقع محمية محازة الصيد في المنطقة الغربية من المملكة العربية السعودية على بعد حوالي 180 كيلومتر شمال شرق مدينة الطائف، تبلغ مساحتها 2190 كيلومتر مربع وتقع بين ثلاث محافظات ومراكز وهي محافظة الخرمة ومركز ظلم (مكة المكرمة) ومحافظة الموية.

• محمية الوعول

لعب الطقس دوراً هاماً في حوطة بني تميم وكذلك لعب موقعها الجغرافي دورًا أكثر أهمية في جعلها منذ القدم مرتكزًا حضاريًا لكافة المناطق المجاورة لها.

- **محمية التيسية**

محمية التيسية هي محمية طبيعة في المملكة العربية السعودية تحت إشراف الهيئة الوطنية لحماية الحياة الفطرية وإنمائها، تقع محمية التيسية شمال شرق منطقة الرياض، وتبلغ مساحتها 4262 كيلومتر مربع، يتواجد في المحمية طائر الحبارى إلا أنه نادر، أما الغطاء النباتي فهو جيد يمتاز بوجود أكثر من 50 نوع من النباتات أهمها أشجار الطلح والسدر والشجيرات الأخرى مثل العوسج والعرفج والرمث.

- **محمية الجندلية**

محمية الجندلية هي محمية طبيعة في المملكة العربية السعودية تحت إشراف الهيئة الوطنية لحماية الحياة الفطرية وإنمائها، تقع محمية الجندلية شمال شرق منطقة الرياض، تبلغ مساحتها 1160 كيلومتر مربع، تتميز بغطاء نباتي جيد مثل السدر والعوسج والشفلح والخزامى والحنظل وغيرها من الحوليات، تناسب المحمية برنامج المحافظة على الطيور وإعادة توطين الحبارى، وتعتبر الجندلية امتدادا طبيعيا لمحمية التيسية على أحد مسارات هجرة طيور الحبارى.

- **محمية الجبيل للأحياء الفطرية**

محمية الجبيل للأحياء الفطرية هي محمية طبيعة في المملكة العربية السعودية تحت إشراف الهيئة الوطنية لحماية الحياة الفطرية وإنمائها, بدأت نشأت المحمية في أعقاب حرب تحرير الكويت والتلوث النفطي في المناطق

الساحلية على شواطئ الخليج العربي، حيث أجريت العديد من الدراسات والبحوث البيئية التي اقترحت ضرورة إنشاء محمية الجبيل للأحياء البحرية لمراقبة التلوث وأثاره وبالتالي المحافظة على التنوع الأحيائي البحري الذي تتميز به المنطقة.

● **محمية الخنفة**

محمية الخنفة هي محمية طبيعة في المملكة العربية السعودية تحت إشراف الهيئة الوطنية لحماية الحياة الفطرية وإنمائها، تقع محمية الخنفة في شمال السعودية على الحافة الغربية لصحراء النفود الكبير شمال مدينة تيماء، تبلغ مساحة المحمية 20450 كيلومتر مربع، تمتاز المحمية باحتوائها على تضاريس تتألف في أغلبها من الحجر الرملي مع وجود جبال يصل ارتفاعها إلى 1141 مترا فوق سطح البحر وتلال وهضاب وأودية وشعاب ورمال.

● **محمية الطبيق**

محمية الطبيق هي محمية طبيعة في المملكة العربية السعودية تحت إشراف الهيئة الوطنية لحماية الحياة الفطرية وإنمائها، تقع محمية الطبيق في شمال غرب المملكة مع حدود المملكة الأردنية الهاشمية، تبلغ مساحة المحمية 12200 كيلومتر مربع، تمتاز المحمية بالوعورة حيث توجد جبال الطبيق في الجهة الغربية والوسطى، حيث يصل ارتفاعها إلى 1388 متر بالإضافة إلى الأودية

والشـعاب والخبـاري، وتكثـر علـى السـطح الصـخور الرسـوبية الرمليـة والجيرية، وتوجد بعض المناطق الرملية في الجهة الشرقية من المحمية.

• **محمية جبل شدا الأعلى**

هي محميـة طبيعة في المملكـة العربيـة السـعودية تحت إشـراف الهيئـة الوطنية لحماية الحياة الفطرية وإنمائها، تقـع الأعلى في الجنـوب الغربـي من منطقة الباحة شمال غرب محافظة المخواة علـى مسـافة 20 كيلـومتر، وتبلغ مساحتها 67 كيلومتر مربع.

• **محمية جزر فرسان**

محميـة جـزر فرسـان هي محميـة طبيعـة في المملكـة العربيـة السـعودية تحت إشـراف الهيئـة الوطنيـة لحمايـة الحيـاة الفطريـة وإنمائهـا، تقـع محميـة جـزر فرسـان في القسـم الجنوبـي الشـرقي للبحـر الأحمـر، وتبعـد حـوالي 42 كيلـومتر عـن سـاحل منطقـة جـازان، تبلـغ مسـاحة المحميـة حـوالي 600 كيلومتر مربع، وتضم مجموعة جزر فرسان أكثر من 84 جزيـرة أكبرهـا جزيـرة فرسـان الكبيـر والسـقيد (فرسـان الصـغرى) وقمـاح وهـي الجـزر الآهلة بالسكان الذين يعمل غـالبيتهم في صيد الأسـماك وزراعـة الـدخن والذرة.

• **محمية جزر أم القماري**

محميـة جـزر أم القمـاري هيّ محميـة طبيعـة في المملكـة العربيـة السـعودية تحت إشـراف الهيئـة الوطنية لحمايـة الحيـاة الفطريـة وإنمائهـا، تقـع محميـة جزيرة أم

القماري جنوب غرب محافظة القنفذة في البحر الأحمر، وتتألف المحمية من جزيرتين هما: جزيرة أم القماري البرانية وجزيرة أم القماري الفوقانية، يبلغ مجموع مساحة الجزيرتين حوالي 182500 متر مربع، وقد سميت الجزر بأم القماري بسبب كثرة طيور القماري فيها وبصورة خاصة في موسم الهجرة.

- **محمية حرة الحرة**

محمية حرة الحرة هي محمية طبيعة في المملكة العربية السعودية تحت إشراف الهيئة الوطنية لحماية الحياة الفطرية وإنمائها تعتبر محمية حرة الحرة أولى المحميات التي أقامتها الهيئة، تقع شمال غرب المملكة العربية السعودية مع حدود المملكة الأردنية الهاشمية، وتمتد شرق وادي السرحان، تبلغ مساحة محمية حرة الحرة 13775 كيلومتر مربع، يتكون سطح المحميّة من هضبة بركانيه تكثر فيها الصخور البازلتية السود إضافة إلى مجموعة من الجبال البركانية المنخفضة التي يتراوح ارتفاعها بين 800 و 1150 مترا عن سطح البحر.

- **محمية ريدة**

محمية ريدة هي محمية طبيعة في المملكة العربية السعودية تحت إشراف الهيئة الوطنية لحماية الحياة الفطرية وإنمائها، تقع محمية جرف ريدة جنوبي غرب المملكة ضمن جبال الحجاز، تبعد حوالي 20 كيلو متر شمال غرب مدينة أبها، وتبلغ مساحتها 9 كيلومترات مربعة تقريبا، يعتبر جرف ريدة جزء من

الدرع العربي الّذي يتكون بدرجة رئيسية من صخـور ناريـة متحركـة، والمنطقة عبارة عن منحدرات شديدة تغطيها نباتات كثيفة تسودها أشجار العرعر، وهناك العديد من الروافد المائية التي تنحدر مـن أعلى الجرف وتصب في شعيب ريدة.

• **محمية سجا وأم الرمث**

محمية سجا وأم الرمث هي محمية طبيعة في المملكة العربيـة السعودية تحت إشراف الهيئة الوطنية لحمايـة الحيـاة الفطريـة وإنمائهـا، تقـع محميـة سجا وأم الرمث شمال غرب محمية محازة الصيد, ويقع مقرهـا الرئيسـي في مدينة ظلم (مكة المكرمة) وتبلغ مساحتها 7190 كيلومتر مربع، تمتـاز المحمية بغطاء نبـاتي متوسـط يسـاعد فـي حفظ الأصـول الوراثيـة لـبعض الثدييات والطيور والزواحف المتوطنة والنادرة في المحمية.

• **محمية عروق بني معارض**

محمية عروق بني معارض هي محميـة طبيعـة فـي المملكـة العربيـة السعودية تحت إشراف الهيئة الوطنية لحماية الحيـاة الفطريـة وإنمائهـا، تقـع محمية عروق بني معارض على الحافة الجنوبية الغربية من الربع الخالي، تبلـغ مسـاحتها 11.980 كيلـومتر مربـع، وتضـم المحميـة عـددا مـن التشـكيلات الأرضية والمـواطن الفطريـة الطبيعيـة الهامـة منهـا الكثبـان الرملية المرتفعة وهضبة جيرية متقطعة.

- **جبل مرير**

جبل مرير هو جبل من أعلى جبال سلسلة جبال السروات جنوب غرب
شبه الجزيرة العربية ويقع في قرية آل قحطان - بني شهر شمال محافظة
النماص التابعة لمنطقة عسير بحوالي ١٥ كيلومتر تقريباً.

- **جزيرة جانا**

جزيرة جانا هي جزيرة عائمة فوق المياه الإقليمية قبالة المملكة العربية
السعودية على ساحل الخليج العربي, وتتميز الجزيرة بشكلها البيضاوي إذ
يبلغ طولها 1050 متر وعرضها نحو 300 متر, وتقع الجزيرة ما بين
جزيرتي جريد وكاران إحدى جزر المحميات الطبيعية الخمس التابعة
للمملكة بالإضافة لجزيرة كرين وجزيرة حرقوص والتي تضم أهم
التجمعات الأحيائية الطبيعية في الخليج العربي, تبتعد الجزيرة عن شمال
شرق مدينة الجبيل 45 كيلومتر.

الملحق الرابع : الأسئلة والتطبيقات العملية
القسم الأول : نظام البيئة السعودي
السؤال الأول : وردت المصطلحات التالية في نظام البيئة السعودي بيّن المقصود بها ؟

1. البيئة
2. تلوث البيئة
3. تدهور البيئة
4. الكارثة البيئية
5. المعايير البيئية

السـؤال الثـاني: هنـاك جملـة مـن الأهـداف التـي يسـعى نظام البيئـة السعودي إلى تحقيقها في المجتمع السعودي عدد خمسة منها: ؟

السؤال الثالث : بين دور المملكة العربية السعودية في المحافظـة علـى طبقة الأزون ؟

السؤال الرابع: اذكر خمسة من المهام التي تقوم بها الجهات المختصـة في المملكة العربية السعودية التي من شأنها المحافظة على البيئة ؟

السؤال الخامس :ألزم نظام البيئة السعودي الجهات العامة والأشـخاص مجموعة من التدابير للحفاظ على البيئة اذكر ثلاثة منها ؟

السؤال السادس : عندما يتأكد للجهة المختصة أن احد المقاييس أو المعايير البيئية قد اخل بها فعليها بالتنسيق مع الجهات المعنية أن تلزم المتسبب بجملة من الإجراءات التي نص عليها نظام البيئة السعودي بين ثلاثة من هذه الإجراءات ؟

السؤال السابع : مصادر الضوضاء كثيرة ومتعددة في المجتمع اذكر ثلاثة من هذه المصادر المرتبطة بالسلوكيات الخطأ للأفراد والتي يعاقب عليها نظام البيئة السعودي ؟

القسم الثاني : الحماية الدولية للبيئة

السؤال الأول : كيف تضع الدول قوانينها المحلية المتعلقة بالبيئة؟

السؤال الثاني : بين خطر الانحباس الحراري على الأرض ؟

السؤال الثالث : عدد أهم الاتفاقيات الدولية في مجال البيئة ؟

السؤال الرابع : ما هي أشهر المنظمات الدولية في مجال حماية البيئة؟

السؤال الخامس : بين اسم الاتفاقية التي تتعلق بالتحكم في نقل النفايات الخطرة.

السؤال السادس : متى بدأ الاهتمام العالمي بمواضيع البيئة .

القسم الثالث : البيئة في الإسلام

السؤال الأول : وردت المفاهيم و المصطلحات التالية في مـادة نظـام البيئة السعودي الجانب المتعلق بالبيئة في الإسلام بين معناها ؟

1. مفهوم البيئة في الإسلام
2. التلوث الصوتي
3. التلوث البيئي

السؤال الثاني :" من أهم عوامل تلويث البيئة عدم وجود الوعي الكـافي عند كثير من الناس، وقد أولى الإسلام البيئة اهتمامـا عظيمـا " علـى ضوء هذا النص بين هذه الأهمية مستدلا علـى ذلك بـدليل شـرعي من الكتاب والسنة النبوية ؟

السؤال الثالث : نهى الإسلام عن تلويث مصادر الصرف الصحي التي يستفيد منها البشر والحيوان والنبـات اذكـر دليلين مـن السـنة النبويـة يؤيد إجابتك ؟

السؤال الرابع : بين اهتمام الإسلام بعناصر البيئة التالية ؟

● النبات
● المياه
● الحيوان

الخاتمة

الحمد لله وحده، والصلاة والسلام على من لا نبي بعده، وبعد

الحمد لله، وقد وفقني سبحانه وتعالى - بالرغم مع عناء الغربة، وهم التأليف مع العيش أعزب مع البعد عن الزوجة ،و الأهل والأحبة، وشدة الوحشة، بعيدا عن أم العيال رفيقة الدرب الطويل زوجتي الغالية (أم هيثم) مؤنسة غربتي بعيدا عن الأولاد، والأهل والأحباب- بإنهاء هذه الدراسة الموسومة بعنوان " نظام البيئة السعودي " وفق الأنظمة المعمول بها في المملكة العربية السعودية .

حيث يَتّضِح لنا في نهايتها الأثر الكبير الذي أسهم به نظام البيئة السعودي في معالجة الكثير من قضايا البيئة المعاصرة .

وكنا قد بدأنا هذه الدراسة بمواضيعها حسب الخطط المقررة لوحدات الجودة لوصف مقرر نظام البيئة في خطط كليات الحقوق والقانون، وأقسام الأنظمة في الجامعات السعودية.

وتضمنت هذه الدراسة أبواب عدة، وفصول متعددة، وجعلنا لكل باب مخرجات وأهداف ليستفيد منها عضو هيئة تدريس المادة، والطالب، كما أثرينا دراستنا هذه بالملحق التعليمي، وهو مجموعة من المراجع العلمية والصور

التطبيقية لقضايا الوقف إضافة إلى ملحق الأسئلة المتنوعة على المادة العلمية للدراسة .

هذا وليعذرني كل من وقف على زلاتي، فإن كنت قد أخطأت فهو مني وحسبي أنني بذلت جهدي، وإن كنت قد أصبت فهذا توفيق من عند الله سبحانه وتعالى.

اللهمَّ صَلِّ وَسَلِّم وَبَارِكْ عَلَى عَبْدِكَ وَرَسُولكَ مُحمّدٍ وآلِهِ وَصَحْبِهِ ،والتابعينَ لَهُمْ بإحسانٍ إلى يومِ الدينِ.

اللهمَّ برَحْمَتِكَ اغْفِرْ لَجَميعِ مَوُتَى المُسلمين الذينَ شَهِدُوا لَكَ بالوَحْدَانيةِ، وَلِنَبيكَ بالرسالةِ، وَمَاتُوا عَلَى ذَلِكَ، اللهُمَّ اغْفِرْ لَهُم وَارْحَمْهُمْ وَعَافِهِمْ وَاعْفُ عَنْهُمْ وَأكْرِمْ نُزُلهُم وَوَسِّعْ مُدْخَلَهُمْ واغْسِلْهُمْ بالثلجِ والماءِ والبردِ...

وَنَسْألهُ سُبحانهُ وَتَعَالى أنْ يَجْمَعَنَا فِي الفردَوسِ الأعْلَى مَعْ آبَائِنا، وَذُرّيَاتِنا، وأزْوَاجِنا، وجميعِ أهْلِينا وأحْبَابِنا إنَّه عَلَى كلِّ شيءٍ قَدِيرٍ، وَبِالإجابةِ قَدِير.

اللهُمَّ اجْعَلْ ابْنِي (عُمرَ) فَرَطًا لِي وَلأُمّهِ يَومَ القِيَامةِ، اللهُمَّ ثَقِّلْ بهِ المَوَازين، اللهُمَّ اجعلهُ شَفِيعًا، اللهُمَّ اجْعَلهُ أجْرًا، اللهُمَّ اجْعَلهُ ذُخْرًا لَنَا يومَ العرضِ عَليكْ سُبحانَ رَبّكَ رَبِّ العزةِ عمَّا يَصِفُون وَسَلامٌ عَلَى المُرسَلين، والحمدُ للهِ ربِّ العَالمين.

تمَّ الكتابُ بحمدِ الله تعالى وَعونهِ، وحُسنِ تَوفيقهِ

وآخر دعوانا أن الحمد لله رب العالمين.

د. منذر عبد الكريم القضاة
المملكة العربية السعودية
الرياض - الأحساء

فهرس المراجع

- **مراجع اللغة**

ابن منظور، لسان العرب، ط1، دار الكتب العلمية 1424هـ - 2003م

- **المراجع الشرعية**

1." تفسير القران العظيم" لابن كثير،أحياء التراث الإسلامي،الكويت .
2." المعجم المفهرست لألفاظ القرآن الكريم" ،محمد فؤاد عبد الباقي،دار الحديث،القاهرة،ط2، 1988م
3.كتب الحديث
4.د. عمر بن محمد القحطاني، " أحكام البيئة في الفقه الإسلامي"، ط1 دار ابن الجوزي 1429هـ - 2008م
5." علوم الأرض القرآنية"، عدنان الشريف،دار العلم بيروت ط1994/2م
6." الإسلام والاقتصاد" ،عبد الهادي النجار،المجلس الوطني للثقافة والفنون،الكويت،ط1.
7." عناصر الإنتاج في الاقتصاد الإسلامي" ،د0صالح العلي،دار، اليمامة، دمشق، ط1 -2000م .

● **المراجع البيئية الحديثة**

1. " تطبيق القوانين والتشريعات البيئية " إدارة الشرطة البيئية خطوة على الطريق، الدكتور المهندس جراح الزعبي

2. " موسوعة التلوث البيئي"، سحر أمين حسين، الأردن، دار دجلة للنشر، 2010م

3. " البيئة مشاكلها وقضاياها وحمايتها من التلوث،(رؤية إسلامية) للمهندس محمد عبد القادر ألفقي ،مكتبة ابن سينا،القاهرة،د0ت

4. " البيئة ومشكلاتها " حمد، صابريني ،المجلس الوطني للثقافة والفنون والآداب،الكويت ط2 سنة 1984

5. " قانون حماية البيئة في ضوء الشريعة الإسلامية" ،ماجد الحلو،دار المطبوعات الجامعية،الإسكندرية .

6. " الموسوعة البيئية العربية"، سعيد الحفار،جامعة قطر ،طبعة سنة 1998

7. البحث العلمي، مجلة العلوم الإنسانية والاجتماعية، العدد 46

8. " الوجيز في قانون البيئة" ؛ للدكتور عبد المجيد السملالي.

9. " هندسة النظام البيئي في القران" ،عبد العليم خضير،دار الحكمة البحرين ط1 /1995م .

• المراجع الإلكترونية

1. البيئة منشور على الرابط
http://www.alukah.net/culture/0/59342/#ixzz3uKFveUWL

2. البيئـــــــة منشـــــور علـــــى الـــــــرابط -http://www.wildlife
pal.org/environment.htm

3. البيئـــــــة منشـــــور علـــــى الـــــرابط -http://www.wildlife
pal.org/environment.htm

4. البيئة منشور على الرابط http://www.mawhopon.net/?p=7966

5. تــأثير الصــناعة والتكنولوجيــا علــى البيئــة منشــور علــى الــرابط
http://noor-alestiqamah.com/vb/showthread.php?t=11086

6. مفهوم البيئة د. سـامح عبدالسـلام محمـد، منشـور علـى موقـع الألوكـة
http://www.alukah.net/culture/0/59342/

7. القواعد الدوليـة لحمايـة البيئـة منشـور علـى الـرابط - www.cmes
maroc.com

8. موسوعة البيئة منشورة على الرابط http://www.bee2ah.com/

9. وكيبديا https://ar.wikipedia.org/wiki/

10. الأسـس التنظيميـة العامـة لإدارة النفايـات المشـعة منشـورة علـى
الرابط : http://kbase.momra.gov.sa/listoffiles.aspx?ID=16

11. الاتحاد العربي للتنمية المستدامة والبيئة http://www.ausde.org

12. واقع البيئة في دولة قطر - موقع الثغب المتخصص فـي الشـؤون
البيئية القطرية http://althaghab.net/index.php/item/74

13. الرئاســـــة العامـــــة للأرصـــــاد وحمايـــــة البيئـــــة
http://www.pme.gov.sa/brief.asp

14. منهاج النظام التربوي البيئـي فـي المملكـة العربيـة السـعودية By Munira Abdelkader | October 3, 2015 - 6:07 pm | Environment, Middle East
منشور على الرابط -http://www.ecomena.org/environment-ksa
15. --http://www.saudiaramco.com/ar/home/news-
media/news/Environment-Awards.html (الموقـــع الإلكترونـــي لشركة ارامكو السعودية)
16. الجائزة http://www.env-news.com/cm-business
17. الهيئة السعودية للحياة الفطرية http://ar.unionpedia.org/i
18. الإسلام وحماية البيئة، للباحث الـدكتور احمـد عمـر هاشـم، منشـور على الرابط http://muntada.islamtoday.net/t21807.html
19. البيئـة د. مـولاي المصـطفى البرجـاوي منشـور علـى الـرابط http://www.alukah.net/culture/0/24503/#ixzz3uKEGzWGl

- **الأبحاث العلمية في مجال البيئة**

1." جهود القضـاء السعودي في إنماء الفقه البيئي"، لمعالي فضيلة الشـيخ عبدالله بن محمد بن سعد آل خنين ورقـة عمـل لمـؤتمر: "دور القضـاء فـي تطـوير القضـاء البيئـي فـي المنطقـة العربيـة"، معهـد الكويـت للدراسات القضائية والقانونية، 26 - 2002/10/28م.
2." دور المملكة في الحفاظ على البيئة "، للباحث فيصل عبد القادر عبد الوهاب – جامعة أم القرى – التعليم الإلكتروني –

3. " البيئة والحفاظ عليها من منظور إسلامي" بحث مقدم إلى منظمة المؤتمر الإسلامي - الدورة التاسعة عشرة - إمارة الشارقة دولة الإمارات العربية المتحدة إعداد أ.د محمد بن يحيى بن حسن النجيمي الأستاذ بكلية الملك فهد الأمنية.

4. بحث مقدم إلى مؤتمر كلية العلوم الإسلامية، الدكتور سلمان عبود يحيى الجبوري بعنوان :القاعدة الفقهية :(لا ضرر ولا ضرار) وأثرها في حماية البيئة شباط2010م .

5. " مكونات البيئة " بحث منشور على موقع الألوكة للدكتور سامي عبد السلام محمد 2013/9/8م

تم بحمد الله